FORSCHUNGSBERICHTE DES LANDES NORDRHEIN-WESTFALEN

Nr. 2114

Herausgegeben im Auftrage des Ministerpräsidenten Heinz Kühn
von Staatssekretär Professor Dr. h. c. Dr. E. h. Leo Brandt

DK 621.793.3
669.218.7
669.228.7

Professor Dr.-Ing. Helmut Winterhager
Dipl.-Ing. Oskar Neukam

Institut für Metallhüttenwesen und Elektrometallurgie
der Rhein.-Westf. Techn. Hochschule Aachen

Untersuchungen zur Diffusion in Systemen der Edelmetalle unter besonderer Berücksichtigung galvanotechnisch aufgetragener Edelmetallschichten

SPRINGER FACHMEDIEN WIESBADEN GMBH 1970

ISBN 978-3-663-19926-7 ISBN 978-3-663-20270-7 (eBook)
DOI 10.1007/978-3-663-20270-7

Verlags-Nr. 012114

Ursprünglich erschienen bei Westdeutscher Verlag, Köln und Opladen 1970

Gesamtherstellung: Westdeutscher Verlag

Inhalt

1. Einleitung 5

2. Beziehungen zur Berechnung des Konzentrationsverlaufs und der Diffusionskoeffizienten in binären Diffusionssystemen 5

3. Beziehungen zur Berechnung der partiellen und Interdiffusionskoeffizienten in ternären Systemen 7

4. Eigene Untersuchungen 10

4.1 Herstellung der Legierungen 11

4.2 Herstellung der Versuchsproben 11

4.2.1 Herstellung mit Markierungen verschweißter Proben 11

4.2.2 Herstellung der Versuchsproben durch elektrolytisches Auftragen eines der Diffusionspartner 12

4.3 Durchführung der Diffusionsglühung 13

4.4 Bestimmung der Konzentrations-Weg-Kurven 13

4.5 Ermittlung der Diffusionskoeffizienten 15

4.6 Ergebnisse aus den Untersuchungen der binären Systeme 15

4.6.1 Die Systeme Au—Cu und Pd—Cu 16

4.6.2 Die Systeme Au—Ag und Pd—Ag 18

4.6.3 Das System Au—Pd 20

4.6.4 Das System Ag—Cu 21

4.6.5 Temperaturabhängigkeit der gemeinsamen Diffusionskoeffizienten für die untersuchten binären Systeme 22

4.6.6 Berechnung der partiellen Diffusionskoeffizienten 23

4.7 Ergebnisse aus den Untersuchungen der ternären Systeme Ag—Au—Pd und Au—Ag—Cu 23

4.7.1 Ergebnisse aus den Untersuchungen des ternären Systems Pd—Au—Ag 23

4.7.2 Ergebnisse aus den Untersuchungen des ternären Systems Au—Ag—Cu 30

5. Zusammenfassung 35

6. Literaturverzeichnis 36

7. Anhang 38

1. Einleitung

Diffusionsvorgänge in Festkörpern bzw. in Metall- und Legierungssystemen bei höheren Temperaturen sind sowohl von theoretischem als auch von praktischem Interesse, da sie die Grundlagen der Wärmebehandlungsprozesse, insbesondere der Oberflächenvergütung, bilden. Ein großer Teil der Festkörperprobleme, z. B. in der Luft- und Raumfahrt, in der Reaktortechnik, Elektronik und anderen Zweigen der Industrie, kann nur unter Berücksichtigung der Platzwechselvorgänge der Gitterbauelemente ausreichend gelöst werden.
In der Oberflächentechnik ist es wichtig zu wissen, ob die aufgetragenen Deckschichten mit den Grundwerkstoffen intermetallische Phasen bilden, sei es, daß ihre Bildung erwünscht ist,wie z. B. bei der Herstellung korrosionsbeständiger Uranstäbe für die Reaktorindustrie, oder auch, daß ihre Bildung verhindert werden soll, weil diese Phasen durch ihre Härte zur Versprödung des Werkstoffes führen können, wie es z. B. bei der Bildung der η-Phase bei Al-Überzügen auf Stahl bzw. Eisen der Fall ist.
Von Bedeutung ist ferner die Kenntnis über die Diffusionsgeschwindigkeit in Einlagerungs- und Substitutionsmischkristallen, insbesondere die Abhängigkeit der Diffusionsgeschwindigkeit von der Temperatur, Konzentration und anderen Einflußfaktoren, da man an Hand dieser Daten günstige Metall- und Legierungskombinationen mit entsprechenden Zwischenschichten als Diffusionssperren unter optimalen Temperatur-Zeit-Bedingungen erzielen kann.
Wegen der praktischen Bedeutung von Edelmetallüberzügen in der Elektrotechnik und anderen Zweigen der Industrie war es Ziel der vorliegenden Arbeit, das Diffusionsverhalten der Elemente Gold, Palladium, Silber und Kupfer untereinander eingehender zu untersuchen.

2. Beziehungen zur Berechnung des Konzentrationsverlaufs und der Diffusionskoeffizienten in binären Diffusionssystemen

Die Grundlagen für die Bestimmung der Diffusionskoeffizienten bei gegebenem Konzentrationsverlauf oder für die Berechnung der Konzentrations-Weg-Kurven bei bekannten Diffusionskoeffizienten bilden die beiden Fickschen Diffusionsgesetze. Das erste Ficksche Diffusionsgesetz besagt, daß die pro Zeit- und Flächeneinheit transportierte Stoffmenge direkt proportional dem Diffusionskoeffizienten und dem Konzentrationsgefälle ist.

$$\boxed{j = -D \cdot \mathrm{grad}\, C} \qquad (1)$$

j = diffundierende Menge pro Zeit- und Flächeneinheit

D = Diffusionskoeffizient

$\mathrm{grad}\, C = \frac{dC}{dX}$ = Konzentrationsgradient

Dieses Gesetz ist dann anwendbar, wenn während der gesamten Diffusionsdauer die Konzentration an der betrachteten Stelle X konstant bleibt. Das trifft bei mehrphasigen

Diffusionssystemen für die Phasengrenzen nach Einstellung der Sättigungskonzentrationen zu. Das zweite Ficksche Diffusionsgesetz, das im Unterschied zum ersten allgemeine Gültigkeit besitzt, besagt, daß die zeitliche Änderung der Konzentration an der Stelle X proportional der Änderung der Stromdichte j an dieser Stelle ist. Dieses Diffusionsgesetz läßt sich aus dem ersten ableiten, indem man eine Stoffbilanz an einem Volumenelement zieht und die Kontinuitätsgleichung $\operatorname{div} j = -\frac{\partial C}{\partial t}$ anwendet.

Je nachdem, ob der Diffusionskoeffizient von der Konzentration abhängig oder unabhängig ist, kann es in der allgemeinen oder in der vereinfachten Form geschrieben und angewandt werden.

$$\frac{\partial C}{\partial t} = \operatorname{div} \underbrace{(D \operatorname{grad} C)}_{|j|} \tag{2}$$

allgemein in Vektorschreibweise

bzw.

$$\frac{\partial C}{\partial t} = \frac{\partial}{\partial X}\left(D \cdot \frac{\partial C}{\partial X}\right) \tag{3}$$

wenn Diffusion in X-Richtung und D konzentrationsabhängig

oder

$$\frac{\partial C}{\partial t} = D \frac{\partial^2 C}{\partial X^2} \tag{4}$$

wenn D konzentrationsunabhängig ist.

Falls die Diffusion auch in der y- oder z-Richtung der Ortskoordinaten erfolgt, müssen die entsprechenden Beiträge zum gesamten Diffusionsstrom addiert werden. Breitet sich die Diffusionszone radial aus, so sind an Stelle der rechtwinkligen Ortskoordinaten Polarkoordinaten einzuführen. Für Diffusionsuntersuchungen ist es jedoch in den meisten Fällen möglich, die Versuchsproben so vorzubereiten, daß die Ausbreitung der Diffusionszone nur in der X-Richtung erfolgt.
Die partielle Differentialgleichung zweiter Ordnung läßt sich durch Anwendung geeigneter Ansätze integrieren. Für den Fall, daß der Diffusionskoeffizient konzentrationsunabhängig ist, erhält man nach dem sogenannten Fourierschen Verfahren für die Konzentration in Abhängigkeit von der Ortskoordinate X und der Zeit t folgende Lösungsgleichung (vgl. Jost [1], Hauffe [2], Seith [3] und Crank [4]).

$$c(x,t) = \frac{1}{2\sqrt{\pi D t}} \int_{-\infty}^{+\infty} f(\alpha) \exp\left[-\frac{(\alpha - x)^2}{4 D t}\right] d\alpha \quad \text{allgemein} \tag{5}$$

α = Integrationsvariable

oder

$$c(x,t) = \frac{c_0}{2}\left[1 - \operatorname{erf}\left(\frac{x}{2\sqrt{Dt}}\right)\right] \tag{6}$$

für System mit »unendlichen« Grenzen

da $f(\alpha) = 0$ für $\alpha > 0$ bei $t = 0$

und $f(\alpha) = c_0$ für $\alpha < 0$ bei $t = 0$ ist.

$$\operatorname{erf}(z) = \frac{2}{\sqrt{\pi}} \int_0^z e^{-\eta^2} d\eta = \text{Wahrscheinlichkeits-bzw. Fehlerintegral}$$

$$\eta = \frac{\alpha - x}{2\sqrt{Dt}}$$

Die Werte für das Wahrscheinlichkeitsintegral sind in Abhängigkeit von z in mathematischen Tabellenwerken enthalten.

Für die Berechnung des Diffusionskoeffizienten bei experimentell bestimmtem Konzentrationsverlauf wendet man die partielle Differentialgleichung an, die für den konzentrationsabhängigen Diffusionskoeffizienten dargestellt ist. Mit Hilfe des von Boltzmann aufgestellten Ansatzes $c = c(\lambda)$ und $\lambda(c) = x/t^{1/2}$ läßt sich diese Gleichung in eine für die Bestimmung des Diffusionskoeffizienten zugänglichen Form schreiben (vgl. Matano [5]).

$$\boxed{D(c) = -\frac{1}{2t}\left(\frac{dx}{dc}\right)\int_0^c x\,dc} \qquad (7)$$

Für die Ermittlung von $D(c)$ nach Gl. (7) benötigt man das Konzentrationsgefälle und das Flächenintegral zwischen der Konzentrationskurve und der Matano-Ebene, in Abb. 1* für die Konzentration $c/c_0 = 0{,}2$ als Beispiel dargestellt.

Die Matano-Ebene ist die Fläche, durch die die gleiche Menge ein- wie ausdiffundiert. Die gesamte Fläche rechts der Matano-Ebene ist daher gleich der gesamten Fläche, die auf der linken Seite dieser Ebene liegt $\left(\int_0^1 x \cdot dc = 0\right)$.

Falls beide Komponenten des binären Systems mit gleicher Geschwindigkeit diffundieren, liegt die Matano-Ebene an der Stelle der Schweißebene. In anderen Fällen wandert die Schweißebene in Richtung der schneller diffundierenden Komponente. Den Abstand zwischen der Matano-Ebene und der Schweißfläche kann man als den während der Diffusionszeit zurückgelegten Weg dieser Fläche ansehen. Den Konzentrationsgradienten und das Flächenintegral kann man entweder graphisch bzw. planimetrisch oder mit Hilfe elektronischer Rechenanlagen ermitteln.

Bei der Bestimmung mittels des Computers wird die Konzentration in Abhängigkeit von der Ortskoordinate durch ein Polynem zweiten, dritten oder vierten Grades approximiert, daraus die Ableitung und das Integral gebildet und schließlich nach Gl. (7) der Diffusionskoeffizient berechnet.

3. Beziehungen zur Berechnung der partiellen und Interdiffusionskoeffizienten in ternären Systemen

Die von Fick (1855) für binäre Systeme entwickelten Diffusionsgesetze hat Onsager [6] auf Mehrkomponentensysteme erweitert. Analog zu den binären Systemen läßt sich auch für die Bestimmung der Interdiffusionskoeffizienten (mittlere *DK*) eines Mehrstoffsystems die Matano-Methode anwenden. Für ein *n*-Komponentensystem kann man daher folgende Beziehungen aufstellen (vgl. Fujjta [7] und Kirkaldy [8, 9, 10, 11]).

* Die Abbildungen stehen im Anhang ab Seite 38

Mit

$$\sum_{i=1}^{n} I_i = 0 \quad \text{und} \quad \sum_{i=1}^{n} C_i = \text{konst}$$

für subst. gelöste Atome folgt:

$$I_i = \sum_{k=1}^{n-1} D_{ik} \frac{\partial C_k}{\partial X} \qquad \text{Verallg. des 1. Fick. Ges.} \tag{8}$$

$$\frac{\partial C_i}{\partial t} = \sum_{k=1}^{n-1} \frac{\partial}{\partial X}\left(D_{ik} \frac{\partial C_k}{\partial X}\right) \qquad \text{Verallg. des 2. Fick. Ges.} \tag{9}$$

Durch Integration mit Bolzmann-Ansatz $C = C(\lambda)$ und $\lambda = \frac{X}{\sqrt{t}}$ = Zeit-Weg-Parameter folgt:

$$\int_{C_{oi}}^{C_i} \lambda \cdot dC_i = -\sum_{k=1}^{n-1} D_{ik} \frac{dC_k}{d\lambda} \qquad \text{Verallg. der Matano-Beziehung} \tag{10}$$

I_i = Diffusionsstromdichte der i-ten Komponente

$D_{ik} = D_{ik}(C_1, C_2, \ldots, C_{n-1})$ = Interdiffusionskoeffizient der i-ten Komponente als Funktion der Konzentration

X = Abstand von der Matano-Ebene

t = Diffusionszeit

Für $n = 3$:

$$\int_{C_{01}}^{C_1} \lambda \cdot dC_1 = -2 \cdot D_{11} \cdot \frac{dC_1}{d\lambda} - 2 \cdot D_{12} \cdot \frac{dC_2}{d\lambda} \tag{11}$$

$$\int_{C_{02}}^{C_2} \lambda \cdot dC_2 = -2 \cdot D_{21} \cdot \frac{dC_1}{d\lambda} - 2 \cdot D_{22} \cdot \frac{dC_2}{d\lambda} \tag{12}$$

Matano-Beziehung für ein Diffusionspaar

C_{01}, C_{02} = Anfangskonzentrationen der Komponenten 1 und 2.

Für eine bestimmte Legierung eines ternären Diffusionssystems gibt es folglich vier Interdiffusionskoeffizienten, die nach Gl. (11) und (12) berechnet werden können. Die Flächenintegrale und Konzentrationsgradienten können aus den experimentell ermittelbaren Konzentrations-Weg-Kurven der Elemente bestimmt werden, wobei vier Konzentrationskurven (zwei je Diffusionspaar) für die Lösung des Gleichungssystems benötigt werden. Es müssen daher für die Bestimmung dieser Koeffizienten mindestens zwei Diffusionspaare untersucht werden. Dabei ist darauf zu achten, daß wenigstens zwei Diffusionspaare an einer Stelle der Ortskoordinaten die gleiche Legierungszusammensetzung haben.

Eine Methode, die es gestattet, die partiellen und die Interdiffusionskoeffizienten eines ternären Diffusionssystems zu bestimmen, wurde von Guy und Mitarbeitern entwickelt (vgl. Guy [12, 13, 14, 15]). Bei dieser Methode werden die Versuchsbedingungen, wie in Abb. 2 dargestellt, so gestaltet, daß für die Berechnung der Diffusionskoeffizienten die Anwendung des ersten Fickschen Diffusionsgesetzes zulässig wird.

Für die Untersuchung des Diffusionsverhaltens einer ternären Legierung werden zwei Diffusionspaare, im Bild mit L1–L2 und L3–L4 bezeichnet, so hergestellt, daß nach der Diffusionsglühung die Schweißebenen (Kirkendall-Ebene) beider Diffusionspaare etwa die gleiche Zusammensetzung haben. Für die Legierung mit der Zusammensetzung der Schweißfläche werden dann die Diffusionskoeffizienten berechnet. Die Konzentrationskurven der Elemente verlaufen selten geradlinig, sondern meistens nach der im Bild angedeuteten S-Form; je nach System unterschiedlich stark ausgeprägt.

Experimentell geht man so vor, daß man vier Diffusionsproben herstellt, paarweise mit Markierungen verschweißt und bei der gleichen Temperatur glüht. Die Zusammensetzung der Proben wird so gewählt, daß der Konzentrationsgradient einer Komponente in einem Diffusionspaar während der gesamten Glühdauer etwa gleich Null bleibt.

Für die Diffusionsstromdichte I_A der Komponente A an der Stelle X (Ort der Schweißebene) und für die während der Diffusionszeit t_1 durch die Kirkendall-Ebene transportierte Menge $(M_A)_1$ dieser Komponente kann man gemäß Gl. (8) mit Hilfe des Bolzmann-Ansatzes folgende Beziehung aufstellen:

$$I_A = - D_{AA} \cdot \frac{\partial C_A}{\partial X} - D_{AB} \cdot \frac{\partial C_B}{\partial X} - D_{AC} \cdot \frac{\partial C_C}{\partial X} \tag{13}$$

oder

$$I_A = - D_{AA}^C \cdot \frac{\partial C_A}{\partial X} - D_{AB}^C \cdot \frac{\partial C_B}{\partial X} \tag{14}$$

mit

$$D_{AA}^C = D_{AA} - D_{AC} \quad \text{und} \quad D_{AB}^C = D_{AB} - D_{AC}$$

$$(M_A)_1 = \int_0^{t_1} I_A \cdot dt = - D_{AA}^C \cdot 2 \cdot t_1 \cdot \left(\frac{\partial C_A}{\partial X}\right)_1 - D_{AB}^C \cdot 2 \cdot t_1 \cdot \left(\frac{\partial C_B}{\partial X}\right)_1 \tag{15}$$

D_{AA}^C, D_{AB}^C = partielle Diffusionskoeffizienten der Komponente A

$\left(\frac{\partial C_A}{\partial X}\right)_1, \left(\frac{\partial C_B}{\partial X}\right)_1$ = Konzentrationsgradienten der Komponenten A und B zur Zeit t_1 an der Schweißebene

Für ein ternäres Diffusionssystem gibt es folglich sechs (zwei je Komponente) partielle Diffusionskoeffizienten, die durch drei Indizes charakterisiert werden. Der erste der unten stehenden Indizes zeigt die Komponente an, die diffundiert, der zweite gibt die Komponente an, durch deren Konzentrationsgradienten ein Diffusionsstrom erfolgt und der dritte oben stehende Index weist darauf hin, welcher Konzentrationsgradient (da $C_A + C_B + C_C$ = konst.) durch die zwei anderen ersetzt wurde.

Gl. (15) gibt die durch die Schweißebene transportierte Menge einer Komponente in einem Diffusionspaar an. Da drei Elemente vorhanden sind und zwei Diffusionspaare einer Glühbehandlung unterworfen werden, erhält man insgesamt sechs Gleichungen mit je zwei partiellen Diffusionskoeffizienten. Für das ternäre System Au—Ag—Cu ergibt sich daher folgendes lineares Gleichungssystem:

Für

$$C_A = C_{\text{Au}}, C_B = C_{\text{Ag}}, C_C = C_{\text{Cu}} \quad \text{und} \quad \frac{\partial C_{\text{Au}}}{\partial X} + \frac{\partial C_{\text{Ag}}}{\partial X} = - \frac{\partial C_{\text{Cu}}}{\partial X}$$

gilt:

$$(M_{\text{Au}})_1 = - 2\, t_1 \cdot D_{\text{AuAu}}^{\text{Cu}} \left(\frac{\partial C_{\text{Au}}}{\partial X}\right)_1 - 2\, t_1 \cdot D_{\text{AuAg}}^{\text{Cu}} \left(\frac{\partial C_{\text{Ag}}}{\partial X}\right)_1 \tag{16}$$

$$(M_{\text{Au}})_2 = - 2\, t_2 \cdot D_{\text{AuAu}}^{\text{Cu}} \left(\frac{\partial C_{\text{Au}}}{\partial X}\right)_2 - 2\, t_2 \cdot D_{\text{AuAg}}^{\text{Cu}} \left(\frac{\partial C_{\text{Ag}}}{\partial X}\right)_2 \tag{17}$$

$$(M_{Ag})_1 = -2\,t_1 \cdot D^{Cu}_{AgAu}\left(\frac{\partial C_{Au}}{\partial X}\right)_1 - 2\,t_1 \cdot D^{Cu}_{AgAg}\left(\frac{\partial C_{Ag}}{\partial X}\right)_1 \tag{18}$$

$$(M_{Ag})_2 = -2\,t_2 \cdot D^{Cu}_{AgAu}\left(\frac{\partial C_{Au}}{\partial X}\right)_2 - 2\,t_2 \cdot D^{Cu}_{AgAg}\left(\frac{\partial C_{Ag}}{\partial X}\right)_2 \tag{19}$$

$$(M_{Cu})_1 = -2\,t_1 \cdot D^{Cu}_{CuAu}\left(\frac{\partial C_{Au}}{\partial X}\right)_1 - 2\,t_1 \cdot D^{Cu}_{CuAg}\left(\frac{\partial C_{Ag}}{\partial X}\right)_1 \tag{20}$$

$$(M_{Cu})_2 = -2\,t_2 \cdot D^{Cu}_{CuAu}\left(\frac{\partial C_{Au}}{\partial X}\right)_2 - 2\,t_2 \cdot D^{Cu}_{CuAg}\left(\frac{\partial C_{Ag}}{\partial X}\right)_2 \tag{21}$$

Die Konzentrationsgradienten können graphisch und die diffundierten Mengen planimetrisch aus den experimentell bestimmbaren Konzentrations-Weg-Kurven ermittelt werden, so daß in diesem Gleichungssystem nur die partiellen Diffusionskoeffizienten als unbekannte Größen auftreten. Die transportierten Mengen werden auf die in Abb. 3 dargestellte Weise bestimmt.

Hierbei muß auf die Richtung des Diffusionsstromes geachtet werden, besonders bei der Bestimmung der Diffusionsmenge der langsamer diffundierenden Komponente (vgl. Ruth [16]). Da die Schweißebene in Richtung des Diffusionsstromes dieser Komponente verschoben wird, muß der der Verschiebung dieser Ebene entsprechende Betrag von der gesamten transportierten Menge abgezogen werden. Die Interdiffusionskoeffizienten können entweder nach Gl. (11) und (12) oder aus den partiellen Diffusionskoeffizienten nach den für das System Au—Ag—Cu als Beispiel dargestellten Beziehungen berechnet werden (vgl. Guy [12, 13]).

$$\bar{D}^{Cu}_{AuAu} = (1 - V_{Au} \cdot C_{Au}) \cdot D^{Cu}_{AuAu} - V_{Au} \cdot C_{Au} \cdot D^{Cu}_{AgAu} - V_{Au} \cdot C_{Au} \cdot D^{Cu}_{CuAu} \tag{22}$$

$$\bar{D}^{Cu}_{AuAg} = (1 - V_{Au} \cdot C_{Au}) \cdot D^{Cu}_{AuAg} - V_{Au} \cdot C_{Au} \cdot D^{Cu}_{AgAg} - V_{Au} \cdot C_{Au} \cdot D^{Cu}_{CuAg} \tag{23}$$

$$\bar{D}^{Cu}_{AgAu} = (1 - V_{Ag} \cdot C_{Ag}) \cdot D^{Cu}_{AgAu} - V_{Ag} \cdot C_{Ag} \cdot D^{Cu}_{AuAu} - V_{Ag} \cdot C_{Ag} \cdot D^{Cu}_{CuAu} \tag{24}$$

$$\bar{D}^{Cu}_{AgAg} = (1 - V_{Ag} \cdot C_{Ag}) \cdot D^{Cu}_{AgAg} - V_{Ag} \cdot C_{Ag} \cdot D^{Cu}_{AuAg} - V_{Ag} \cdot C_{Ag} \cdot D^{Cu}_{CuAg} \tag{25}$$

$$V_{Au} = \text{Atomvolumen von Au} = \frac{\text{Atomgewicht}}{\text{Dichte}} = 10\ \text{cm}^3$$

$$C_{Au} = \text{Konzentration von Au in At.-\%}$$

4. Eigene Untersuchungen

In der vorliegenden Arbeit wurden Versuche zur Bestimmung des Diffusionsverhaltens der Elemente Au, Ag, Pd und Cu in den binären Systemen Pd—Au, Pd—Ag, Pd—Cu, Au—Cu, Au—Ag und Ag—Cu und in den ternären Systemen Au—Ag—Cu und Pd—Ag—Au durchgeführt. Als Ausgangsstoffe für die Diffusionsproben der binären Systeme wurden die reinen Metalle, für die ternären Systeme entsprechende Legierungen verwandt.

Die ternären Systeme mit den für die Versuche hergestellten Ausgangslegierungen und den binären Systemen sind in Abb. 4 und 5 dargestellt.

Das ternäre System Au—Ag—Cu mit den Entmischungs- und Liquidnslinien und den Randsystemen wurde aus den Werten in den Sammelwerken von HANSEN [17] und GUERTLER [18] zusammengestellt. Das System Pd—Ag—Au mit den Isothermen der Lipuidusfläche und den Randsystemen wurde der Arbeit von NEMILOV und Mitarbeitern [19] entnommen.
Aus Abb. 4 ist ersichtlich, daß durch das eutektische Randsystem Ag—Cu im ternären System Au—Ag—Cu ein stark ausgeprägter Entmischungsbereich existiert. Daher wurden für die Diffusionsuntersuchungen nur Legierungen aus der Gold- und Silberecke verwandt. Im Unterschied hierzu existiert im ternären System Pd—Ag—Au eine unendliche Reihe von Mischkristallen; für die Diffusionsversuche gibt es vom System her folglich keine Einschränkungen. Dieses System wurde im Innern des ternären Gebietes untersucht.

4.1 Herstellung der Legierungen

Die Legierungen, die für die Aufstellung der Eichkurven zur Korrektur der gemessenen Strahlungsintensitäten und für die Anfertigung der Diffusionsproben der ternären Systeme erforderlich waren, wurden im Institut hergestellt. Als Ausgangsmaterial dienten die Reinmetalle Palladium (Reinheitsgrad 99,97%), Silber (99,99%), Gold (99,96–99,99%) und elektrolytisch raffiniertes Kupfer (99,98%).
Das Schmelzen der binären und ternären Legierungen erfolgte in geschlossenen Tiegeln aus Sinterkorund im Vakuuminduktionsofen. Auf Grund des hohen Dampfdruckes dieser Elemente wurde nicht im Vakuum, sondern in Argonatmosphäre geschmolzen, wobei die Legierungen praktisch ohne Verluste hergestellt werden konnten. Der Gewichtsverlust nach dem Schmelzen betrug nicht mehr als 5 mg bei einem Einsatz von 5 bis 10 g je Probe. Die gewählte Zusammensetzung der Legierungen konnte daher gut eingehalten werden. Die Zusammensetzung der Eich- und Diffusionsproben sind in den Tabellen und bei den Konzentrations-Weg-Kurven angegeben.
Um mit Sicherheit einen homogenen Regulus zu erhalten, wurden die Proben zweimal umgeschmolzen. Nach dem Umschmelzen wurde der Regulus zu einem Plättchen gewünschter Dicke ($\approx$ 1,5 mm) verformt und anschließend im Vakuum-Widerstandsofen bei 800–900°C 8–10 Stunden lang geglüht. Durch diese Glühbehandlung konnte ein grobes Korngefüge erzielt werden. Dies war beabsichtigt, um bei den Versuchen den Anteil der Korngrenzendiffusion möglichst klein zu halten.

4.2 Herstellung der Versuchsproben

Die Versuchsproben der binären Systeme wurden für die Diffusionsuntersuchungen einerseits durch Verschweißen mit Markierungen unter Druck in Argonatmosphäre, andererseits durch elektrolytisches Auftragen eines Diffusionspartners hergestellt. Für die Diffusionsversuche in ternären Systemen wurden ausschließlich mit Markierungen verschweißte Proben verwandt.

4.2.1 Herstellung mit Markierungen verschweißter Proben

Für die binären Diffusionssysteme wurden jeweils zwei reine Metalle, für die ternären Systeme jeweils zwei Legierungen definierter Zusammensetzung miteinander verschweißt. Als Markierung für die Schweißfläche diente Wolframdraht ($\approx$ 15 µm Durchmesser).

Die Verschweißung erfolgte in der Weise, daß die feingeschliffenen und gereinigten Metall- bzw. Legierungsplättchen auf einen im Röhrenofen befindlichen Stempel einer Druckpresse aufeinandergelegt, danach mit dem zweiten Stempel gepreßt und schließlich in Argonatmosphäre bei 400–500 °C 30–40 Minuten lang unter Druck geglüht wurden. Die Druckbelastung betrug 30–40 kp/mm². Die Markierungsdrähte wurden vor dem Zusammenschweißen jeweils in ein Metall- bzw. Legierungsplättchen des Diffusionspaares eingepreßt. Eine Diffusion zwischen Versuchsproben und Stempeloberfläche wurde durch eine Zwischenlage aus Glimmer verhindert.
Die Diffusionszone nach der Verschweißung war maximal 2 μm breit. Daher brauchte die während dieser Glühbehandlung transportierte Stoffmenge bei der Auswertung der Diffusionsversuche nicht berücksichtigt zu werden.

4.2.2 Herstellung der Versuchsproben durch elektrolytisches Auftragen eines der Diffusionspartner

Die Diffusionsproben mit galvanisch aufgetragenen Schichten hatten den Zweck, den Einfluß der durch die Elektrokristallisation bedingten Struktur auf die Diffusion zu bestimmen. Ferner sollte bei diesen Versuchen festgestellt werden, welchen Einfluß auf die Diffusion das verformte Gefüge des Grundmaterials ausübt, da sich bei der Glühbehandlung in diesem Falle die Fremddiffusion mit der Rekristallisation, die durch Selbstdiffusion getragen wird, überlagert. Zu diesem Zwecke wurden die Grundmetalle Ag und Cu für die Diffusionspaare Ag—Au, Ag—Pd, Cu—Pd und Cu—Au vor der elektrolytischen Auftragung der Diffusionspartner durch Näpfchenziehen stark verformt und danach zwecks Erzielung glatter Oberfläche elektrolytisch poliert. Die Näpfchen wurden aus einem Blech von 20 mm Durchmesser und 0,3 mm Dicke hergestellt. Der Innendurchmesser dieser Näpfchen betrug 8 mm. Palladium, das als Grundmaterial für die Diffusionspaare Pd—Au und Pd—Cu verwandt wurde, konnte wegen der schlechten Fließeigenschaften nicht zu Näpfchen gezogen werden. Es wurde daher vor der galvanischen Auftragung der Elemente Au und Cu durch Walzen verformt, anschließend feingeschliffen und poliert. Für die Versuchsproben des Systems Ag—Cu wurden beide Elemente, ähnlich wie bei dem System Pd—Cu, wechselweise als Grundmetall verwendet. Um einen guten Kontakt zwischen dem Grundmetall und der galvanischen Schicht zu gewährleisten, wurden alle Proben vor der Abscheidung sorgfältig mit Tetrachlorkohlenstoff gereinigt und anschließend elektrolytisch entfettet. Die Elektrolyse wurde unter den angegebenen Bedingungen so lange fortgesetzt, bis eine Schichtdicke von mindestens 50 μm erreicht war.

Abscheidungsbedingungen

Für Ag-*Abschreibung*

zyanidischer Elektrolyt nach Weiner
30 g/l Ag
30 g/l freies KCN
30 g/l K_2CO_3
50 g/l LPW-Glanzzusatzlösung
17–20 °C Abscheidungstemperatur
Reinsilber als Anode
2–2,5 A/dm² Stromdichte

Für Au-*Abscheidung*

zyanidischer Elektrolyt
21 g/l Au
42 g/l freies KCN
19 g/l $Na_2S_2O_3$
50–55 °C Abscheidungstemperatur
Reingold als Anode
0,5 A/dm² Stromdichte

Für Pd-*Abscheidung*

schwach saurer Elektrolyt
6,5 g/l Pd
40 g/l NaCl
17 g/l $NaNO_2$
20 g/l H_3BO_3
45–50 °C Abscheidungstemperatur
Reinpalladium als Anode
0,5 A/dm² Stromdichte

Für Cu-*Abscheidung*

zyanidischer Elektrolyt
26 g/l CuCN
47 g/l KCN
30 g/l Na_2CO_3
45 g/l Rochellssalz
55–60 °C Abscheidungstemperatur
Reinkupfer als Anode
2 A/dm² Stromdichte

4.3 Durchführung der Diffusionsglühung

Die verschweißten und die galvanisch hergestellten Versuchsproben wurden für die Diffusionsuntersuchung im Röhrenofen – in Abb. 6 schematisch dargestellt – bei Temperaturen zwischen 500 und 1120 °C 40 Minuten bis 1459 Stunden lang geglüht. Die genauen Diffusionstemperaturen und Glühzeiten für die einzelnen Versuchsproben sind in den Ergebnistabellen und bei den Konzentrations-Weg-Kurven angegeben.
Der Glühofen besteht aus zwei ineinander geschobenen Silimanitrohren, zwischen denen eine Heizwicklung untergebracht ist. Die Enden des Ofens sind mit Graphitstopfen verschlossen. Die Temperaturmessung erfolgte mit einem geeichten PtRh/Pt-Element, dessen Thermospannung die Temperatursteuerung regelte. Die Temperatursteuerung bestand im wesentlichen aus dem Fallbügelregler, zwei Transformatoren und einer thermischen Rückführung. Mit Hilfe eines zweiten Thermoelementes wurde die Temperaturkonstanz innerhalb des Ofens geprüft. Die Temperaturkonstanz konnte bis auf geringe Schwankungen (± 1 °C) gut eingehalten werden. Zur Verhinderung der Oxydation wurden die Diffusionsproben in Quarzampullen mit nachgereinigtem Argongas eingeschlossen. Zur Erhöhung des Oxydationsschutzes wurden Titanspäne als Sauerstoffgetter in die Ampullen miteingeschlossen. Die Versuchsampullen wurden in der Weise hergestellt, daß die Proben mit Titanspänen in einseitig verschlossenen Quarzröhrchen gelegt und diese Röhrchen mit Hilfe einer Öldiffusionspumpe und einer Vorpumpe bis auf einen Druck von etwa 10^{-5} Torr evakuiert wurde. Danach wurden die Röhrchen mit nachgereinigtem Argongas mehrmals gespült und schließlich mit einem Wasserstoff–Sauerstoff-Brenner abgeschmolzen.
Die so hergestellten Quarzampullen wurden auf einen kleinen Schlitten in die Mitte des auf Solltemperatur vorgeheizten Röhrenofens eingeschoben. Da die Proben und die Ampullen relativ klein waren (Volumen der Ampulle etwa 40 cm³), konnten die Versuchsproben in kurzer Zeit auf die Diffusionstemperatur gebracht werden. Nach der vorgewählten Glühzeit wurden die Ampullen aus dem Ofen gezogen und in Luft und Wasser schnell abgekühlt. Danach wurden die Ampullen geöffnet und die Versuchsproben näher untersucht.

4.4 Bestimmung der Konzentrations-Weg-Kurven

Der Konzentrationsverlauf der Elemente Au, Ag, Pd und Cu in der Diffusionszone der Versuchsproben wurde durch Messung der emittierten K_α(Cu)- und L_α(Ag, Pd, Au)-Strahlung und Korrektur dieser Meßwerte ermittelt. Zur Messung dieser charakteristischen Röntgenspektren diente der Elektronenstrahl-Mikroanalysator (»Microscan« Type Mark II A, Fa. Cambridge Instruments Ltd.), dessen Aufbau und Wirkungsweise früher beschrieben wurde [20]. Als Spektrometerkristall wurde LiF für die Elemente Au und Cu und Quarz für die Elemente Pd und Ag benutzt. Die Beschleunigungs-

spannung betrug 20 kV. Die Konzentrationsprofile wurden durch punktweise Impulszählung gemessen. Hierzu wurde die mit Mikrohärteeindrücken markierte Diffusionszone der Versuchsprobe mit dem Elektronenstrahl durch das elektromagnetische Ablenksystem abgetastet. Da dieses Ablenksystem innerhalb des Meßbereiches nicht gleichmäßige Punktabstände liefert, wurden die Abstände der Meßstellen (Kontaminationspunkte) mit der Meßeinrichtung des Mikrohärtegerätes nachgemessen. In Abb. 7 sind als Beispiel für die Meßmethode Schliffbilder von zwei verschweißten und einer diffusionsgeglühten Versuchsprobe wiedergegeben.
Die gemessenen Intensitätswerte mußten für die quantitative Analyse korrigiert werden, da je nach Art und Konzentration der Elemente im untersuchten Probenmikrovolumen die Intensitäten der emittierten Röntgenstrahlung durch Interatomeffekte geschwächt oder verstärkt wurden. Nur in wenigen Fällen besteht ein linearer Zusammenhang zwischen der gemessenen Intensität der Röntgenstrahlung und der chemischen Analyse. Die Korrekturwerte kann man rechnerisch mit Hilfe elektronischer Rechenanlagen oder experimentell durch Aufstellung von Eichkurven ermitteln. Da die im Schrifttum angegebenen Rechenprogramme zur Zeit noch ungenügend auf Allgemeingültigkeit überprüft sind, scheint die Ermittlung der Korrekturwerte durch Aufstellung von Eichkurven noch die sicherere Methode zu sein. Nach dieser Methode wurden auch die gemessenen Intensitätswerte der Elemente Au, Pd, Ag und Cu korrigiert.
Für die Aufstellung der Eichkurven wurden für jedes binäre und ternäre System mehrere Legierungen definierter Zusammensetzung hergestellt, danach die Intensitäten der K_α- bzw. L_α-Strahlung der Elemente dieser Legierungen gemessen und ins Verhältnis zur Intensität der Strahlung der reinen Metalle gesetzt. Schließlich wurden die Abweichungen der relativen Intensitätswerte von den chemischen Analysen der hergestellten Legierungen in Abhängigkeit von der Konzentration der Elemente aufgetragen und diese Werte durch Linien verbunden.
Die Eichkurven für die Elemente Au, Pd, Ag und Cu sind in Abb. 8, 9, 10 und 11 dargestellt. Die Konzentration der Elemente kann man nach der für das Element Ag als Beispiel aufgestellten Gleichung berechnen.
Die Intensität der Röntgenstrahlung von Ag wird durch die Elemente Au und Cu stark abgeschwächt, durch die Anwesenheit von Pd dagegen verstärkt. Die Korrekturwerte für das System Ag—Pd sind daher mit negativen Vorzeichen zu versehen.
Die Verstärkung kommt in diesem Falle dadurch zustande, daß der Winkel der L_β-Strahlung von Pd im Quarzkristall nur um etwa 5′ von dem der L_α-Strahlung von Ag abweicht. Es ist daher schwierig, genaue Messungen der L_α-Strahlung von Ag bei Anwesenheit von Pd durchzuführen.
Der Einfluß der Elemente Ag, Cu und Pd auf die Intensität der Au-Strahlung ist unterschiedlich, Palladium z. B. beeinflußt die Au-Strahlung gar nicht, während Ag die Intensität schwach und Cu stark abschwächt. Die Korrekturwerte für die ternären Legierungen liegen im Bereich, der durch die Eichkurven der binären Legierungen begrenzt ist.
Die Intensität der Pd-Strahlung wird durch Au stark abgeschwächt, während Ag keinen Einfluß auf diese Röntgenstrahlung ausübt. Die Werte für die ternären Legierungen Pd—Au—Ag liegen auch hier im Gebiet, das durch die zwei binären Systeme Pd—Au und Pd—Ag begrenzt ist.
Die Intensität der Cu-Strahlung wird durch die Anwesenheit von Pd nicht verändert, durch Au dagegen verstärkt. In diesem Falle muß von dem relativen Intensitätswert der gemessenen Cu—K_α-Strahlung der Betrag ΔC_{Cu} abgezogen werden. Wie aus den dargestellten Eichkurven ersichtlich, üben Zusatzelemente auf die charakteristische Röntgenstrahlung der untersuchten Elemente unterschiedlichen Einfluß aus. Diese Interelement-

effekte werden rechnerisch durch den Absorptionsfaktor, Atomnummerfaktor und Fluoreszenzfaktor erfaßt.
Eine quantitative Analyse ist nur möglich, wenn die gemessenen Strahlungsintensitäten entsprechend korrigiert werden.

4.5 Ermittlung der Diffusionskoeffizienten

Die gemeinsamen Diffusionskoeffizienten der binären Systeme wurden in Abhängigkeit von der Konzentration nach einem von THEISSEN [21] für die Matano-Methode aufgestellten Computer-Programm im Rechenzentrum der Rhein.-Westf. Techn. Hochschule Aachen berechnet.
Das Programm ist im Prinzip folgendermaßen aufgebaut:
Die im untersuchten Konzentrationsbereich $C_{\max}-C_{\min}$ experimentell bestimmten Konzentrationswerte werden in Abhängigkeit von der Ortskoordinate ins Wahrscheinlichkeitsnetz übertragen, wodurch eine gewisse Glättung der Meßwerte erfolgt. Diese im Wahrscheinlichkeitsnetz untergebrachte Konzentrations-Weg-Kurve wird anschließend durch ein Polynom n-ten Grades ($n = 2$, 3 oder 4) belegt. Die neuen Werte werden dann in das C–X-Diagramm rücktransformiert und für die Berechnung der Diffusionskoeffizienten nach Gl. (7) verwendet (vgl. Abb. 1).
Die Matano-Ebene, die vor der Berechnung der D.K. bestimmt werden muß, ermittelt der Computer aus der Bedingung $F_l + \Delta F_l = F_r + \Delta F_r$, wobei F_l bzw. F_r die Summe der links und rechts der Matano-Ebene liegenden »Trapez«-Flächen (aus den neuen C–X-Werten) und ΔF_l bzw. ΔF_r die zuletzt hinzugekommenen Flächen sind; die Summenbildung beginnt an den Enden der C–X-Kurven.
Die in Gl. (7) benötigte Steigung wird aus der für jeden X_i-Wert ($i = 1, 2 \ldots n$) aus den benachbarten X-Werten bestimmten Ausgleichsparabel ($C = A + BX_i + DX_i^2$) berechnet. Das gleichfalls in Gl. (7) benötigte Integral ergibt sich aus der Summe der $X \cdot dc$-Flächen.
Die partiellen Diffusionskoeffizienten der binären Systeme wurden nach den Darkenschen Beziehungen (vgl. DARKEN [22]) und die partiellen und Interdiffusionskoeffizienten der ternären Systeme nach der Methode von GUY [Gl. (16) bis (21) und (22) bis (25)] berechnet. Wegen der einfachen Rechenoperation wurde auf die Inanspruchnahme des Computers verzichtet.

4.6 Ergebnisse aus den Untersuchungen der binären Systeme

Die Temperatur-Zeit-Bedingungen, unter denen die verschweißten Versuchsproben der binären Systeme Cu—Pd, Ag—Pd, Au—Pd, Au—Cu und Ag—Au geglüht wurden, sind in Tab. 1 (Sp. 2 und 3) Seite 24 angegeben. Die Glühbedingungen für die galvanisch hergestellten Proben der binären Systeme Cu—Pd, Ag—Pd, Au—Cu, Au—Ag und Ag—Cu sind bei den Schliffbildern (Abb. 15, 17, 20, 22 und 26) vermerkt.
Auf die Wiedergabe der Schliffaufnahmen der verschweißten und der für das System Pd—Au galvanisch hergestellten Proben kann verzichtet werden, weil diese Proben das gleiche Aussehen zeigen wie das in Abb. 16 rechts unten für das System Pd—Cu bei 1000° C Glühtemperatur wiedergegebene Bild.
Lediglich die Proben des Systems Ag—Cu sollen wegen der auftretenden Entmischungserscheinungen im einzelnen behandelt werden. Bei der Darstellung der Konzentrations-Weg-Kurven wurde wegen der Vielzahl eine Auswahl getroffen. Die in dieser Arbeit nicht berücksichtigten C–X-Kurven waren jedoch den hier dargestellten qualitativ gleich.

4.6.1 *Die Systeme* Au—Cu *und* Pd—Cu

Die Konzentrations-Weg-Kurven der Elemente der binären Systeme Au—Cu und Pd—Cu sind für jeweils eine Glühtemperatur in Abb. 12 dargestellt.
Allgemein läßt sich aus dem Konzentrationsverlauf der Elemente abschätzen, ob der gemeinsame Diffusionskoeffizient von der Konzentration stark oder nur unwesentlich abhängig ist, da bei D = konstant die Konzentrationskurven bezüglich der Matano-Ebene völlig symmetrisch verlaufen; im Wahrscheinlichkeitsnetz würde es eine Gerade ergeben.
Ähnlich grobe Abschätzungen kann man an Hand des Abstandes zwischen der Schweißebene und der Matano-Ebene über den Unterschied der partiellen Diffusionskoeffizienten anstellen, da dieser Abstand, wie schon an anderer Stelle erwähnt, als die während der Diffusion zurückgelegte Strecke der Schweißebene angesehen werden kann, und diese Fläche um so schneller wandert, je mehr sich die partiellen Diffusionskoeffizienten voneinander unterscheiden.
An Hand der in Abb. 12 dargestellten Konzentrations-Weg-Kurven kann man daher für die binären Systeme Au—Cu und Pd—Cu folgende Abschätzungen durchführen: Im System Au—Cu ist der gemeinsame Diffusionskoeffizient von der Konzentration stark abhängig, und zwar nimmt er mit steigender Cu-Konzentration ab, da das Konzentrationsgefälle mit zunehmendem Cu-Gehalt immer größer wird. Ferner ist in diesem System bei der Temperatur von 770° C Au die schneller diffundierende Komponente, weil die Schweißebene bezüglich der Matano-Ebene ins Au-Gebiet gewandert ist.
Ähnlich stark von der Konzentration ist der gemeinsame Diffusionskoeffizient der Elemente im binären System Pd—Cu abhängig, nur nimmt er im Unterschied zum Au—Cu-System mit steigendem Cu-Gehalt zu. Das ist verständlich, wenn man bedenkt, daß der Schmelzpunkt von Pd um 471 °C höher liegt als der von Cu und in diesem System keine intermetallischen Phasen auftreten. Ferner ist in diesem System Cu das schneller diffundierende Element, nur scheint der Unterschied der partiellen Diffusionskoeffizienten bei der Temperatur von 1040° C nicht wesentlich zu sein, da der Abstand zwischen den beiden Ebenen relativ klein ist. Die starke Konzentrationsabhängigkeit der gemeinsamen Diffusionskoeffizienten der binären Systeme Au—Cu und Pd—Cu wird durch Berechnungen bestätigt.
Der Konzentrationsverlauf der Elemente im binären System Pd—Cu der galvanisch hergestellten Versuchsproben ist in Abb. 13 dargestellt. Qualitativ ist er der gleiche wie der der verschweißten Probe.
Auch im binären System Au—Cu konnte bei der galvanisch hergestellten Diffusionsprobe ein qualitativ gleicher Konzentrationsverlauf der Elemente wie bei der verschweißten Probe festgestellt werden.
Die nach der Matano-Methode mittels des Computers berechneten gemeinsamen Diffusionskoeffizienten für die verschweißten Versuchsproben und für die galvanisch hergestellte Probe des binären Systems Pd—Cu sind für verschiedene Temperaturen in Abhängigkeit von der Konzentration in Abb. 14 wiedergegeben.
Die Werte der gemeinsamen Diffusionskoeffizienten variieren je nach der Konzentration etwa zwischen zwei Zehnerpotenzen. Aus dem Verlauf der in Abb. 14 dargestellten D-Kurven kann man ferner entnehmen, daß sich die Werte der gemeinsamen Diffusionskoeffizienten der galvanisch hergestellten Proben gut in die Wertreihen der gemeinsamen Diffusionskoeffizienten der verschweißten Proben einordnen lassen. Daraus kann man schließen, daß bei der Temperatur von 990° C die durch die galvanische Abscheidung bedingte kristallographische Struktur (feinkristallines Gefüge) und das durch die Verformung zerstörte Kristallgefüge des Grundmetalls keinen bzw. nur einen unwesent-

lichen Einfluß auf die Diffusion ausüben. Die Selbstdiffusion der Atome bzw. Ionen entlang der Gitterbaufehler (Versetzungen, Korngrenzen, Mikrorissen u. a. m.) und durch das Korn, die zur Kristallerholung und Rekristallisation führt, ist bei dieser Temperatur größer als die reine bzw. Fremddiffusion der Elemente zwischen galvanischer Schicht und Grundmetall. Das verformte und nach der Glühbehandlung rekristallisierte Gefüge des als Grundmetall verwendeten Kupfernäpfchens kann man in der oberen Reihe der in Abb. 15 dargestellten Querschliffe sehen.
Die Probe, die bei 1000° C geglüht wurde, läßt im Grundmetall keine Korngrenzen mehr erkennen.
In der unteren Reihe dieses Bildes sind Querschliffe der verkupferten Palladiumplättchen wiedergegeben, die bei verschiedenen Temperaturen geglüht wurden. Zum Vergleich ist hier auch das Gefüge der elektrolytisch aufgetragenen ungeglühten Cu-Schicht dargestellt.
In der unteren Schliffreihe sind je nach Glühtemperatur und -dauer die verschieden stark ausgebreiteten Diffusionszonen durch Farbunterschiede deutlich erkennbar. Bei der bei 1000° C geglühten Probe ist kein reines Kupfer mehr zu sehen. Die jeweils rechts der Schliffbilder sichtbaren Schichten sind zum Schutz der Randzone aufgetragene Cu-Niederschläge.
Die gemeinsamen Diffusionskoeffizienten der Elemente für die verschweißte und für die galvanisch hergestellte Diffusionsprobe des binären Systems Au—Cu sind in Abhängigkeit von der Konzentration in Abb. 16 enthalten. Bei diesem System sollte nur die Konzentrationsabhängigkeit der gemeinsamen Diffusionskoeffizienten und der Einfluß der kristallographischen Struktur des galvanisch abgeschiedenen Au-Niederschlages festgestellt werden, da die Temperaturabhängigkeit schon untersucht wurde (vgl. Jost [23]).
Ähnlich wie im System Pd—Cu kann man auch hier feststellen, wie schon an Hand des Konzentrationsverlaufes von Au und Cu vermutet, daß der gemeinsame Diffusionskoeffizient stark von der Konzentration abhängig ist und je nach Konzentration zwischen zwei Zehnerpotenzen variiert. Da in diesem System keine intermetallischen Phasen auftreten, würde man es in Anbetracht der nur unwesentlichen Unterschiede in den Schmelzpunkten dieser Elemente ohne weiteres nicht annehmen. Vermutlich spielt hierbei die Überstruktur (Fernordnung) $AuCu_3$ eine Rolle, die auch bei Temperaturen bis zu etwa 800° C existieren kann (vgl. Kuczynski [24]).
Ferner ist aus dem in Abb. 16 dargestellten Kurvenverlauf zu entnehmen, daß bei der Temperatur von 785° C die Selbstdiffusion im Kupfernäpfchen und in der galvanischen Au-Schicht genügend groß ist, so daß die zerstörte Ausgangstruktur des Grundmetalls und das kristallographische Gefüge der galvanischen Schicht keinen bzw. unwesentlichen Einfluß auf die gegenseitige Diffusion der Elemente Au und Cu ausübt.
Die Schliffbilder der für dieses System galvanisch hergestellten und bei verschiedenen Temperaturen geglühten Proben sind in Abb. 17 dargestellt. Zum Vergleich ist auch hier das Schliffbild des ungeglühten vergoldeten Kupfernäpfchens mitberücksichtigt. In dieser Schliffbilderreihe ist deutlich zu erkennen, wie stark das Kornwachstum von Cu von der Glühtemperatur abhängt und welchen unterschiedlich großen Beitrag die Korngrenzendiffusion zur Gesamtdiffusion daher leistet.
Während bei der Glühtemperatur von 525° C eine Zone (stark angeätzter Bereich) zu sehen ist, in der die Diffusion entlang der vielen Korngrenzen erfolgt, und die mittlere Konzentration in dieser Diffusionszone durch die Diffusion aus den Korngrenzen in das benachbarte Kristallgitter bestimmt wird, verläuft die Resistenzgrenze (Einwirkungsgrenze chemischer Agenzien) bei der Probe mit der Glühtemperatur von 940° C relativ geradlinig.

4.6.2 Die Systeme Au—Ag *und* Pd—Ag

Die Konzentrations-Weg-Kurven der Elemente Au, Pd und Ag in den verschweißten Proben der binären Systeme Au—Ag und Ag—Pd sind in Abb. 18 dargestellt.
Der Konzentrationsverlauf der Elemente Pd und Ag im System Pd—Ag ist ähnlich dem der Elemente Pd, Cu und Au in den binären Systemen Pd—Cu und Cu—Au.
In dem binären System Ag—Pd sind daher die gemeinsamen Diffusionskoeffizienten gleichfalls stark von der Konzentration abhängig, und zwar ist der gemeinsame Diffusionskoeffizient um so kleiner, je höher der Pd-Gehalt der binären Legierung ist.
Da die Schweißebene während der Diffusion in das Ag-Gebiet verschoben wird, kann man schließen, daß das Silber schneller als das Palladium diffundiert.
Die Konzentrationskurven der Elemente Pd und Ag in den verschweißten bei anderen Temperaturen geglühten Proben waren den in Abb. 18 dargestellten qualitativ gleich, nur mit dem Unterschied, daß bei den in Tab. 1 angegebenen Glühzeiten kleinere Diffusionszonen entstanden.
Im Unterschied zu den Konzentrations-Weg-Kurven der Elemente in den verschweißten Proben konnte in den galvanisch hergestellten Proben ein fast symmetrischer Konzentrationsverlauf der Elemente Ag und Pd festgestellt werden, woraus zu folgern ist, daß sich in der galvanisch aufgetragenen Pd-Schicht die gesamte Diffusionsstromdichte aus der Gitterdiffusion und der Diffusion entlang der Fehlstellen zusammensetzt. Hierauf wird noch später näher eingegangen.
Die in Abb. 18 dargestellten Konzentrations-Weg-Kurven der Elemente in der verschweißten Probe des Au—Ag-Systems verlaufen symmetrisch. Man kann daraus schließen, daß in diesem Falle der gemeinsame Diffusionskoeffizient nur unwesentlich oder gar nicht von der Konzentration abhängig ist.
Der Konzentrationsverlauf der Elemente Au und Ag in der galvanisch hergestellten Diffusionsprobe war dem der verschweißten Probe qualitativ gleich.
Die mit Hilfe des Computers errechneten gemeinsamen Diffusionskoeffizienten der Elemente für die verschweißten Versuchsproben und die galvanisch hergestellte Probe des binären Systems Pd—Ag sind für verschiedene Glühtemperaturen in Abhängigkeit von der Konzentration in Abb. 19 dargestellt.
Die an Hand der Konzentrationskurven geäußerte Vermutung kann rechnerisch bestätigt werden. Die Werte der gemeinsamen Diffusionskoeffizienten für die Elemente Pd und Ag in den verschweißten Proben des Systems Pd—Ag variieren je nach Konzentration innerhalb drei Zehnerpotenzen.
Die Konzentrationsabhängigkeit der gemeinsamen Diffusionskoeffizienten ist in diesem System noch stärker ausgeprägt als in den Systemen Pd—Cu und Au—Cu. Der Computer konnte daher im Pd-Gebiet die gemeinsamen Diffusionskoeffizienten auch bei Approximation der C-Kurven durch ein Polynom höheren Grades ($n = 3$ und 4) nicht mehr genau berechnen.
Eine Möglichkeit für eine genauere Berechnung auch im Gebiet der wesentlich langsamer diffundierenden Elemente besteht darin, daß man längere Glühzeiten wählt, da hierdurch das Konzentrationsgefälle in diesem Gebiet kleiner wird. Im Unterschied zu den binären Diffusionssystemen Pd—Cu und Au—Cu, in denen festgestellt werden konnte, daß bei den Temperaturen, bei denen die Versuche durchgeführt wurden, die durch die Elektrokristallisation bedingte Struktur keinen erkennbaren Einfluß auf die Diffusion ausübt, wird in der Pd-Schicht des Systems Pd—Ag bei der Glühtemperatur von 735 °C die Diffusionsgeschwindigkeit durch das kristallographische Gefüge des galvanisch abgeschiedenen Pd-Niederschlags wesentlich erhöht. Der gemeinsame Diffusionskoeffizient ist in diesem System nahezu konzentrationsunabhängig.

Die Abweichung der Werte der gemeinsamen Diffusionskoeffizienten bei nahezu reinem Silber sind darauf zurückzuführen, daß der Computer die ersten und letzten Werte der D.K. nicht genau berechnen kann. Bei den anderen gemeinsamen D.K.-Kurven wurden sie daher nicht berücksichtigt. Um auszuschließen, daß dieses Ergebnis nur ein Zufall sei, wurden auch an anderen Stellen der Versuchsprobe Konzentrations-Weg-Kurven der Elemente Pd und Ag bestimmt. Ein Unterschied konnte aber bei den ermittelten C–X-Kurven nicht festgestellt werden.
In diesem Falle ist anzunehmen, daß die Struktur des galvanischen Pd-Niederschlages durch hohe Gasaufnahmen bei der Abscheidung so stark gestört war, daß beim Glühen die Eigenspannungen zur Bildung von Poren und anderen Baufehlern geführt haben. Die Diffusionsgeschwindigkeit wird, wie schon ausgeführt, durch Baufehler erhöht.
Die gestörte Struktur der Palladiumschicht ist auch im Querschliff der untersuchten Probe (bei 735° C Glühtemperatur) in Abb. 20 erkennbar.
In der Diffusionszone haben sich Poren gebildet, die, was die verschweißten Proben beweisen, nicht auf den Kirkendall-Effekt, sondern auf die während der Diffusionsglühung erfolgenden Entgasung und die dadurch entstehenden hohen Eigenspannungszustände innerhalb der galvanischen Schicht zurückzuführen sind.
In der Pd-Schicht konnten folgende Gasgehalte ermittelt werden: 0,37–0,44% N_2, 0,35% O_2 und 440–483 ppm H_2.
Bei hohen Glühtemperaturen kann es je nach der während der Abscheidung aufgenommenen Gasmenge zu einer Gasentwicklung auch innerhalb der galvanischen Schicht kommen, insbesondere bei Niederschlägen größerer Schichtdicken ($> 10\ \mu m$). Dies konnte man bei zwei anderen galvanisch hergestellten Diffusionsproben des gleichen Systems bestätigt finden.
Bei der Probe mit einer Pd-Schicht von etwa 50 μm, die bei 850° C 50 Minuten lang geglüht wurde, konnte man feststellen, daß an einigen Stellen ein Teil (etwa $^2/_3$ der Schichtdicke) des galvanischen Niederschlags vollständig vom Grundmetall getrennt wurde. An anderen Stellen dieser Probe ist die Oberfläche der galvanischen Schicht sehr uneben geworden.
Bei der Probe, die mit einer Pd-Schicht von etwa 10 μm versehen war und bei 800° C 3 Stunden lang geglüht wurde, konnten dagegen keine Poren festgestellt werden.
Wie ferner aus den Schliffbildern (Abb. 20) zu entnehmen, entstehen, auch bei Proben mit galvanischen Niederschlägen größerer Schichtdicken, bei niedrigeren Glühtemperaturen (z. B. bei 525° C) keine Poren. Diese Proben konnten jedoch wegen der zu kleinen Diffusionszonen nicht ausgewertet werden. Um daher in solchen Fällen Legierungsschichten ungestörter Struktur zu erzielen, besteht die Möglichkeit, entweder Abscheidungsbedingungen herauszufinden, die zu geringerer Gasaufnahme führen oder die galvanischen Niederschläge zunächst bei niedrigeren Temperaturen zu entgasen und anschließend einer Diffusionsglühung zu unterwerfen.
Die gemeinsamen Diffusionskoeffizienten für die Elemente des binären Systems Au—Ag der verschweißten und galvanisch hergestellten Probe sind für die Temperatur von 625° C in Abhängigkeit von der Konzentration in Abb. 21 dargestellt.
Bei diesem System wurde, ähnlich wie beim System Au—Cu, auf die Bestimmung der Temperaturabhängigkeit verzichtet, da hierfür schon einige Untersuchungen vorliegen (vgl. Ebert [25]).
Die gemeinsamen Diffusionskoeffizienten der Elemente für dieses System sind in den verschweißten Proben, wie schon vermerkt, von der Konzentration unabhängig. Dagegen sind die der galvanisch hergestellten Probe konzentrationsabhängig, wobei die Werte je nach Konzentration innerhalb einer Zehnerpotenz variieren.
Man kann folglich feststellen, daß bei der Temperatur von 625° C die Diffusion durch

die in der galvanischen Schicht zu findenden Gitterbaufehler, wie Korngrenzen, Versetzungen u. a. erhöht wird. Den Einfluß der Korngrenzendiffusion bei 625° C Glühtemperatur im Ag-Gebiet kann man im Querschliff des vergoldeten Silbernäpfchens (Abb. 22) sehen.

Mit steigender Temperatur nimmt die Korngröße von Ag zu. Der Beitrag der Korngrenzendiffusion zur Gesamtdiffusion wird dann um so kleiner. Im Unterschied zu den binären Systemen Pd—Cu, Au—Cu und Pd—Ag, in denen bei den gewählten Glühtemperaturen und -zeiten keine Porenbildung infolge des Kirkendall-Effektes zu beobachten war, kann man in dem binären System Au—Ag eine stark ausgeprägte Porenbildung feststellen. Hierbei ist zu bemerken, daß die Kondensation der Leerstellen zu Poren erst bei höheren Temperaturen erfolgt.

Bei 625° C Glühtemperatur sind noch keine Poren zu sehen. Auch in der verschweißten Probe, die 1459 Stunden lang bei 500° C geglüht wurde, waren nur ganz wenige und kleine Poren erkennbar.

Bei der Glühtemperatur von 945° C sind dagegen nach 40 Minuten Glühzeit stark ausgeprägte Poren sichtbar.

Bemerkenswert ist, daß auch im Grundmetall an energetisch begünstigten Stellen, z. B. an Kornecken, Poren entstehen können. In der Diffusionszone sind die Poren ziemlich regellos verteilt. Besonders ungeordnet und über ein breites Gebiet verteilt sind die Poren bei der verschweißten Probe, die 75 Stunden lang bei 770° C geglüht wurde. In dieser Probe sind auch große Hohlräume an der Schweißebene sichtbar. Ein schmaler Porenbereich, wie es Heumann und Mitarbeiter [26] bei ihren Untersuchungen feststellen konnten, ist hier nicht gegeben.

Ähnlich breites Porengebiet im System Ag—Au fanden Resnick und Seigle [27]. Die Feststellung, daß diese Art der Porenbildung auf den Sauerstoffgehalt im Ag bzw. in der Ag—Au-Legierung zurückzuführen sei, kann hier jedoch nicht bestätigt werden, da in der untersuchten Probe (bei 770° C Glühtemperatur) nicht mehr als 10 ppm Sauerstoff gelöst waren.

Die Diffusionsvorgänge werden durch Porenbildung stark gestört, so daß in der Diffusionszone Konzentrationssprünge auftreten können. Als Beispiel hierfür wurde der Konzentrationsverlauf der verschweißten und bei 700° C geglühten Probe an zwei verschiedenen Stellen bestimmt und in Abb. 23 wiedergegeben.

Die Poren in dieser Probe waren nicht sehr stark ausgebildet, so daß es möglich war, für die Bestimmung der Konzentrationskurven Stellen zu wählen, die nicht mit sichtbaren Poren durchsetzt waren.

Die gestrichelte Linie kennzeichnet die Stelle der Schweißebene. Wie man aus dem Kurvenverlauf entnehmen kann, gibt es in der gleichen Probe unterschiedlich stark gestörte Stellen.

Aus solchen Konzentrations-Weg-Kurven erscheint es unmöglich, den gemeinsamen Diffusionskoeffizienten zu bestimmen. Bei dem Verfahren der Probenzerlegung zur Bestimmung der *C–X*-Kurven wird dieser Effekt nicht genau erkennbar, da hierbei Mittelwerte ermittelt werden. Die aus solchen *C–X*-Kurven berechneten Werte der gemeinsamen Diffusionskoeffizienten sind dann zwangsweise mit Fehlern behaftet.

4.6.3 Das System Au—Pd

Die Konzentrations-Weg-Kurven der Elemente des binären Systems Pd—Au sind in Abb. 24 dargestellt.

Ähnlich wie bei den untersuchten Systemen Cu—Pd, Cu—Au und Ag—Pd ist auch hier der Diffusionskoeffizient stark von der Konzentration abhängig.

Da die Schweißebene (gestrichelte Linie) ins Au-Gebiet gewandert ist, folgt, daß Au das schneller diffundierende Element ist.
Die für dieses System für verschiedene Temperaturen berechneten *D*-Werte sind in Abhängigkeit von der Konzentration in Abb. 25 enthalten.
Die Werte für die gemeinsamen Diffusionskoeffizienten des binären Systems schwanken je nach Konzentration in einem Bereich von mehr als zwei Zehnerpotenzen. Die Werte für die gemeinsamen Diffusionskoeffizienten der galvanisch hergestellten Proben ordnen sich gut in die Wert-Reihen der verschweißten Proben ein. Bei 1000° C ist daher, wie wegen der hohen Glühtemperatur zu erwarten, kein Einfluß der kristallographischen Struktur des galvanisch abgeschiedenen Au-Niederschlages auf die Diffusion festzustellen.

4.6.4 Das System Ag—Cu

Das eutektische System Ag—Cu wurde unterhalb und oberhalb der eutektischen Temperatur (779° C) untersucht.
Ziel der Versuche war nicht die Bestimmung der Diffusionskoeffizienten, da diese Koeffizienten schon ermittelt wurden (vgl. Seith [28]), sondern die Bildung des Eutektikums in der Nähe der eutektischen Temperatur zu untersuchen.
Die Ausbreitung des eutektischen Gebietes in Abhängigkeit von der Temperatur und der Glühdauer ist in den in Abb. 26 dargestellten Schliffbildern zu sehen.
Die bei 690° C 8 Stunden lang geglühte Probe weist im Vergleich zu der ungeglühten ein stark rekristallisiertes Gefüge auf. Eine Diffusionszone mit neuen Phasen ist jedoch nicht entstanden. Die Trennungslinie zwischen Cu und Ag ist so wie bei der ungeglühten Probe geblieben. Bei der Glühtemperatur von 770° C und einer Glühdauer von 75 Stunden (9° C unterhalb der eutektischen Temperatur) ist dagegen ein eutektisches Gebiet festzustellen.
Interessant erscheint hierbei die Orientierung der gebildeten kupferreichen Phase und die unterschiedlich dichte Ausscheidung dieser Phase innerhalb der Diffusionszone. Auch bei dieser Glühtemperatur kann man eine geradlinige Trennungslinie auf beiden Seiten des eutektischen Gebietes feststellen.
Zwischen der Kornorientierung und der Orientierung der ausgeschiedenen kupferreichen Phase besteht eindeutig ein Zusammenhang. Offensichtlich begünstigen die zwei- und dreidimensionalen Gitterbaufehler die Keimbildung der auszuscheidenden Phasen. Ferner ist zu bemerken, daß sich das Eutektikum in beiden Richtungen der verschweißten Metalle ausbreitet, da die als Markierungen für die Schweißebene verwendeten Wolframdrähtchen etwa in der Mitte des eutektischen Gebietes lagen. Oberhalb der eutektischen Temperatur entstehen im System Ag—Cu vier Phasen, und zwar auf der Ag-Seite (vgl. Abb. 4) eine feste (Ag-reiche) und eine flüssige (Ag-ärmere) und im Cu-Gebiet eine feste (Cu-reiche) und eine flüssige (Cu-ärmere) Phase. Bei der Diffusionsglühung nur relativ wenig oberhalb der eutektischen Temperatur erfolgt der Stofftransport durch Diffusion in den festen und flüssigen Phasen, da es in diesen Phasen für beide Komponente Konzentrationsgradienten gibt. Die Ausbreitung des Mehrphasengebietes hängt davon ab, wie schnell die Diffusion der Elemente in den festen und in den flüssigen Phasen erfolgt. Im Querschliff der bei 790° C geglühten Probe ist zu sehen, daß sich im Ag-Gebiet die Cu-reiche Phase zunächst relativ dicht, verschieden orientiert, innerhalb der festen (Ag-reichen) Phase an Subkorngrenzen und anderen Gitterbaufehlern ausscheidet und anschließend in der flüssigen Phase zu größeren Lamellen koaguliert. Dies deutet darauf hin, daß bei dieser Temperatur die Diffusionsgeschwindigkeit von Cu im festen Ag relativ groß ist, so daß im Ag-Gebiet die Ausbrei-

tung der Phasengrenze davon abhängt, wie schnell die Cu-Mengen durch die flüssige Phase nachgeliefert werden. Im Cu-Gebiet ist dagegen die Entmischung in der festen Cu-Phase nur wenig erkennbar. Demnach ist bei dieser Temperatur die Diffusionsgeschwindigkeit von Ag im festen Cu geringer als die von Cu im festen Ag.
Die Phasengrenze verläuft im Cu-Gebiet nicht so stark gekrümmt wie auf der Ag-Seite.
Im Querschliff der bei 825°C geglühten Probe ist kein reines Kupfer mehr zu sehen. Die galvanisch aufgetragene Cu-Schicht hat sich in diesem Falle vollständig aufgelöst. Hierbei ist zu bemerken, daß sich bei dieser Glühtemperatur (825°C) die flüssige Phase durch die Schwerkraft an den tiefer liegenden Stellen der Probe angereichert hat. Die Schliffaufnahme gibt eine der mit der flüssigen Phase angereicherten Stelle dieser Probe wieder.

4.6.5 Temperaturabhängigkeit der gemeinsamen Diffusionskoeffizienten für die untersuchten binären Systeme

Zur Bestimmung der Temperaturabhängigkeit der gemeinsamen Diffusionskoeffizienten für die binären Systeme Pd—Ag, Pd—Au und Pd—Cu wurden die Werte dieser Koeffizienten für die Konzentration von jeweils 50 At.-% logarithmisch gegen $1/T$ aufgetragen. Diese Werte sind in Abb. 27 dargestellt. Ergänzend hierzu wurden auch die Geraden für die gemeinsamen Diffusionskoeffizienten der Systeme Au—Ag, Au—Cu und Ag—Cu und die Selbstdiffusionskoeffizienten der Elemente Au, Ag, Pd und Cu eingetragen. Ferner ist in diesem Diagramm die Gerade für die Diffusionskoeffizienten der sog. »Tracer«-Diffusion (Diffusion von in geringen Mengen gelösten Fremdatomen) von Au in Ag mitberücksichtigt.
Hiernach sind die gemeinsamen Diffusionskoeffizienten für die Elemente der binären Systeme Au—Cu, Au—Ag und Ag—Cu größer als die Selbstdiffusionskoeffizienten der Elemente Au, Ag und Cu. Die gemeinsamen Diffusionskoeffizienten für die Elemente der binären Systeme Pd—Cu, Pd—Ag und Pd—Au sind dagegen kleiner als die Selbstdiffusionskoeffizienten der Elemente Au, Ag und Cu, jedoch größer als die von Pd.
Die gemeinsamen und die Selbstdiffusionskoeffizienten lassen sich in Abhängigkeit von der Temperatur nach folgenden Gleichungen berechnen:

$$D_S^{Ag} = 0{,}27 \exp\left[-\frac{43\,700}{RT}\right] \text{ [cm}^2\text{/sec] nach NACHTRIEB}$$

$$D_S^{Cu} = 0{,}32 \exp\left[-\frac{46\,800}{RT}\right] \text{ [cm}^2\text{/sec] nach RAYNOR}$$

$$D_S^{Au} = 0{,}265 \exp\left[-\frac{45\,300}{RT}\right] \text{ [cm}^2\text{/sec] nach GASTOS}$$

$$D_S^{Pd} = 0{,}205 \exp\left[-\frac{63\,000}{RT}\right] \text{ [cm}^2\text{/sec] nach PETERSEN}$$

$$D_{(Au-Cu)} = 5{,}8 \cdot 10^{-4} \exp\left[-\frac{27\,400}{RT}\right] \text{ [cm}^2\text{/sec] nach JOST}$$

$$D_{(Au-Ag)} = 2{,}9 \cdot 10^{-2} \exp\left[-\frac{38\,000}{RT}\right] \text{ [cm}^2\text{/sec] nach EBERT}$$

$$D_{(Ag-Cu)} = 5{,}9 \cdot 10^{-5} \exp\left[-\frac{24\,800}{RT}\right] \text{ [cm}^2\text{/sec] nach SEITH}$$

$$D_{(Pd-Ag)} = 1{,}5 \cdot 10^{-6} \exp\left[-\frac{24\,600}{RT}\right] \text{ [cm}^2\text{/sec] diese Arbeit}$$

$$D_{(Pd-Au)} = 3{,}2 \cdot 10^{-4} \exp\left[-\frac{36\,500}{RT}\right] \text{ [cm}^2\text{/sec] diese Arbeit}$$

$$D_{(Pd-Cu)} = 0{,}48 \cdot \exp\left[-\frac{53\,500}{RT}\right] \text{ [cm}^2\text{/sec] diese Arbeit}$$

Die Gleichungen für die gemeinsamen Diffusionskoeffizienten der binären Systeme Pd—Cu, Pd—Ag und Pd—Au wurden durch Berechnung von Ausgleichsgeraden bestimmt. Wegen der starken Konzentrationsabhängigkeit der Diffusionskoeffizienten wurden für die Ermittlung der Aktivierungsenergien und der Frequenzfaktoren Werte für die Konzentration von jeweils 50 At.-% gegen $1/T$ aufgetragen.
Die für andere Konzentrationen aufgetragenen D-Werte (von 20–80 At.-%) ergaben Geraden, die parallel zu den hier dargestellten verliefen.
Demnach variieren je nach Konzentration (innerhalb eines bestimmten Bereiches) die Frequenzfaktoren, wogegen die Aktivierungsenergien konstant bleiben.

4.6.6 Berechnung der partiellen Diffusionskoeffizienten

Für die untersuchten binären Systeme wurden nach den Darkschen Beziehungen für die Konzentration der Schweißebene die partiellen Diffusionskoeffizienten berechnet. Die Ergebnisse für die einzelnen Systeme sind in Tab. 1 auf Seite 24 angegeben.
Zum Vergleich sind in dieser Tabelle auch die Werte der gemeinsamen Diffusionskoeffizienten angegeben.
Nach diesen Berechnungen ist in den untersuchten Proben für die angegebenen Konzentrationen der Unterschied der partiellen Diffusionskoeffizienten nicht groß. Auch bei Annahme großer Meßfehler haben sich die Werte der partiellen Diffusionskoeffizienten nur unwesentlich an zweiter Stelle hinter dem Komma geändert. Für den relativ kleinen Unterschied der partiellen Diffusionskoeffizienten spricht auch, daß in diesen Proben keine Poren zu sehen waren.

4.7 Ergebnisse aus den Untersuchungen der ternären Systeme Ag—Au—Pd und Au—Ag—Cu

4.7.1 Ergebnisse aus den Untersuchungen des ternären Systems Pd—Au—Ag

Das ternäre System Pd—Au—Ag wurde an den beiden in Abb. 5 angezeigten Stellen untersucht. Die Zusammensetzungen der für diese Versuche verwendeten Legierungen sind in den Abb. 28 und 29, die Diffusionstemperaturen und -zeiten in Tab. 2 (Sp. 2 und 3) angegeben. Für die Berechnung der partiellen und der Interdiffusionskoeffizienten wurden Konzentrations-Weg-Kurven der Elemente Au, Ag und Pd experimentell bestimmt. Die Konzentrationskurven der Elemente für die Diffusionspaare L1–L2 und L3–L8 sind in Abb. 28 und die für die Diffusionsproben L5–L6–1 L7–L8 in Abb. 29 dargestellt.
Wegen der Vielzahl der ermittelten Konzentrations-Weg-Kurven wurde, ähnlich wie bei den binären Systemen, eine Auswahl getroffen.
Die in den Abb. 28 und 29 dargestellten Konzentrations-Weg-Kurven verlaufen bei den angegebenen Temperaturen bezüglich der Matano-Ebene relativ symmetrisch. Daraus ist zu schließen, daß bei den Temperaturen in dem untersuchten Konzentrationsbereich

Tab. 1 *Versuchsergebnisse und berechnete partielle Diffusionskoeffizienten*

System (A–B)	T [°C]	t [h]	N_A [At.-%]	dN_A/dx [At.-%/cm]	d [μm]	D [cm²/sec]	D_A [cm²/sec]	D_B [cm²/sec]	D_A/D_B
Cu—Pd	1 040	24,5	69	1 460	8	$1{,}42 \cdot 10^{-9}$	$1{,}422 \cdot 10^{-9}$	$1{,}419 \cdot 10^{-9}$	1,002
	925	96	80	2 100	28	$7{,}70 \cdot 10^{-11}$	$7{,}850 \cdot 10^{-11}$	$7{,}660 \cdot 10^{-11}$	1,025
	775	160	87	5 000	25	$1{,}08 \cdot 10^{-11}$	$1{,}120 \cdot 10^{-11}$	$1{,}070 \cdot 10^{-11}$	1,040
Ag—Pd	925	96	87	1 200	90	$2{,}50 \cdot 10^{-10}$	$2{,}590 \cdot 10^{-10}$	$2{,}480 \cdot 10^{-10}$	1,044
	775	160	87	2 110	54	$3{,}80 \cdot 10^{-11}$	$3{,}990 \cdot 10^{-11}$	$3{,}770 \cdot 10^{-11}$	1,059
	710	92	87,2	3 720	32	$2{,}10 \cdot 10^{-11}$	$2{,}210 \cdot 10^{-11}$	$2{,}080 \cdot 10^{-11}$	1,062
	625	371	85	5 560	23	$2{,}50 \cdot 10^{-12}$	$2{,}630 \cdot 10^{-12}$	$2{,}480 \cdot 10^{-12}$	1,063
Au—Pd	1 040	24,5	75	2 700	49	$4{,}20 \cdot 10^{-10}$	$4{,}280 \cdot 10^{-10}$	$4{,}170 \cdot 10^{-10}$	1,024
	925	96	83	2 210	64	$1{,}15 \cdot 10^{-10}$	$1{,}180 \cdot 10^{-10}$	$1{,}140 \cdot 10^{-10}$	1,037
	775	160	83	7 200	26	$7{,}00 \cdot 10^{-12}$	$7{,}260 \cdot 10^{-12}$	$6{,}950 \cdot 10^{-12}$	1,045
	625	371	83	15 300	10	$9{,}00 \cdot 10^{-13}$	$9{,}200 \cdot 10^{-13}$	$8{,}960 \cdot 10^{-13}$	1,027
Au—Cu	770	75	42	1 680	24	$4{,}40 \cdot 10^{-10}$	$4{,}410 \cdot 10^{-10}$	$4{,}380 \cdot 10^{-10}$	1,006
Ag—Au	625	371	88	3 030	45	$1{,}20 \cdot 10^{-11}$	$1{,}250 \cdot 10^{-11}$	$1{,}190 \cdot 10^{-11}$	1,047

Tab. 2 *Versuchsergebnisse für das System* Pd—Au—Ag

Legierung	T [°C]	t [h]	$\partial C_{Pd}/\partial X$ [Gew.-%/cm]	$\partial C_{Ag}/\partial X$ [Gew.-%/cm]	$\partial C_{Au}/\partial X$ [Gew.-%/cm]	$M_{Pd} \cdot 10^4$ [Gew.-%/cm]	$M_{Ag} \cdot 10^4$ [Gew.-%/cm]	$M_{Au} \cdot 10^4$ [Gew.-%/cm]
L 1–L 2	1 120	24	860	82 68*	— 928	— 252,4	700	1 950
L 3–L 4	1 120	24	720	— 740	0 20*	345	1 274	1 400
L 1–L 2	1 040	24,5	1 560	130 140*	— 1 700	— 171	380	932
L 3–L 4	1 040	24,5	1 360	— 1 380	0 20*	— 185,8	759	680
L 5–L 6	1 040	24,5	60 38*	550	— 588	60	— 1 149,6	1 185,6
L 7–L 8	1 040	24,5	572	0 16*	— 588	— 726	2 160	1 637,4
L 1–L 2	925	96	2 540	0 20*	— 2 560	— 122	260	775
L 3–L 4	925	96	2 300	— 1 680	— 606 — 620*	— 148	449,4	680
L 5–L 6	925	96	0 74*	716	— 790	20	— 820	803,8
L 7–L 8	925	96	720	140 108*	— 828	— 643	1 020	960
L 1–L 2	775	160	6 900	0 240*	— 7 140	— 47,6	20	92
L 3–L 4	775	160	5 140	— 4 640	— 580 — 500*	— 67,4	154	40
L 5–L 6	775	160	120 140*	3 560	— 3 700	40	190	280
L 7–L 8	775	160	2 780	0 40*	— 2 740	— 118,8	480	340
L 1–L 2	625	371	24 100	700 900*	25 000	— 20	20	120
L 3–L 4	625	371	20 000	— 18 600	— 1 580 1 400*	— 30	132	80
L 5–L 6	625	371	700 800*	19 200	— 20 000	20	— 52,6	80
L 7–L 8	625	371	11 200	360 800*	— 12 000	— 30	120	120

* Nach Gleichung $\frac{\partial C_A}{\partial X} + \frac{\partial C_B}{\partial X} = - \frac{\partial C_C}{\partial X}$ berechnete Werte.

Tab. 3 Partielle Diffusionskoeffizienten für das ternäre System Au—Pd—Ag

Legierung	T [°C]	D^{Ag}_{PdPd} $D_{PdPd}-D_{PdAg}$ [cm²/sec]	D^{Ag}_{AuAu} $D_{AuAu}-D_{AuAg}$ [cm²/sec]	D^{Ag}_{PdAu} $D_{PdAu}-D_{PdAg}$ [cm²/sec]	D^{Ag}_{AgAu} $D_{AgAu}-D_{AgAg}$ [cm²/sec]	D^{Au}_{AuPd} $D_{AuPd}-D_{AuAg}$ [cm²/sec]	D^{Ag}_{AgPd} $D_{AuPd}-D_{AuAg}$ [cm²/sec]
36% (44,8 At.-%) Pd	1120	$2{,}75 \cdot 10^{-10}$	$1{,}66 \cdot 10^{-10}$	$9{,}70 \cdot 10^{-11}$	$-5{,}00 \cdot 10^{-10}$	$-1{,}13 \cdot 10^{-9}$	$-1{,}01 \cdot 10^{-9}$
42% (28,3 At.-%) Au	1040	$7{,}72 \cdot 10^{-11}$	$5{,}00 \cdot 10^{-11}$	$1{,}39 \cdot 10^{-11}$	$-1{,}61 \cdot 10^{-10}$	$-2{,}84 \cdot 10^{-10}$	$-3{,}70 \cdot 10^{-10}$
22% (27,1 At.-%) Ag	925	$1{,}02 \cdot 10^{-11}$	$8{,}45 \cdot 10^{-12}$	$3{,}19 \cdot 10^{-12}$	$-1{,}82 \cdot 10^{-11}$	$-3{,}56 \cdot 10^{-11}$	$-3{,}31 \cdot 10^{-11}$
	775	$1{,}19 \cdot 10^{-12}$	$6{,}27 \cdot 10^{-13}$	$5{,}75 \cdot 10^{-13}$	$-2{,}50 \cdot 10^{-12}$	$-2{,}12 \cdot 10^{-12}$	$-2{,}84 \cdot 10^{-12}$
	625	$3{,}60 \cdot 10^{-14}$	$4{,}30 \cdot 10^{-14}$	$4{,}85 \cdot 10^{-15}$	$-1{,}26 \cdot 10^{-13}$	$-1{,}42 \cdot 10^{-13}$	$-1{,}63 \cdot 10^{-13}$
18% (20,4 At.-%) Pd	1040	$8{,}34 \cdot 10^{-10}$	$1{,}11 \cdot 10^{-9}$	$1{,}12 \cdot 10^{-10}$	$-1{,}33 \cdot 10^{-9}$	$-4{,}79 \cdot 10^{-10}$	$-3{,}51 \cdot 10^{-9}$
22% (13,4 At.-%) Au	925	$1{,}44 \cdot 10^{-10}$	$1{,}44 \cdot 10^{-10}$	$5{,}46 \cdot 10^{-11}$	$-1{,}89 \cdot 10^{-10}$	$-2{,}65 \cdot 10^{-10}$	$-4{,}33 \cdot 10^{-10}$
60% (66,5 At.-%) Ag	775	$4{,}60 \cdot 10^{-12}$	$6{,}40 \cdot 10^{-12}$	$1{,}11 \cdot 10^{-12}$	$-5{,}22 \cdot 10^{-12}$	$-4{,}50 \cdot 10^{-12}$	$-2{,}03 \cdot 10^{-11}$
	625	$1{,}45 \cdot 10^{-13}$	$1{,}40 \cdot 10^{-13}$	$4{,}32 \cdot 10^{-14}$	$-1{,}19 \cdot 10^{-13}$	$-2{,}40 \cdot 10^{-13}$	$-5{,}20 \cdot 10^{-13}$

die Diffusionskoeffizienten von der Konzentration nicht wesentlich abhängig sind. Die Konzentrations-Weg-Kurven der Elemente der bei niedrigen Temperaturen geglühten Diffusionsproben wiesen keinen symmetrischen Verlauf mehr auf.
Aus dem Abstand zwischen der Matano-Ebene und der Schweißfläche läßt sich der Kirkendall-Effekt abschätzen. Hiernach diffundiert im Diffusionspaar L1–L2 bei C_{Ag} = konstant Au schneller als Pd und im Diffusionspaar L3–L4 bei C_{Au} = konstant Ag schneller als Pd.
In der Diffusionsprobe L5–L6 wandern Ag und Au mit etwa der gleichen Geschwindigkeit und im Diffusionspaar L7–L8 diffundiert Au wiederum schneller als Pd.
Aus den für verschiedene Temperaturen experimentell bestimmten Konzentrations-Weg-Kurven wurden für die Stelle der Schweißebene die Konzentrationsgradienten graphisch und die durch die Schweißebene während der Diffusionsglühung transportierten Stoffmengen planimetrisch ermittelt. Die Ergebnisse sind in Tab. 2 angegeben.
Bei geringem Konzentrationsgefälle ist es schwierig, die Gradienten ohne größere Fehler graphisch zu bestimmen, daher wurden sie nach der angegebenen Gleichung berechnet.
Aus den in Tab. 2 angegebenen Werten wurden die sechs partiellen Diffusionskoeffizienten nach analogen Beziehungen, wie sie auf Seiten 9/10 (Gl. 16–21) für das System Au—Ag—Cu dargestellt sind, berechnet. Die Ergebnisse sind in der Tab. 3 enthalten.
Im untersuchten Temperaturbereich liegen die Werte der partiellen Diffusionskoeffizienten etwa zwischen 10^{-9} und $5 \cdot 10^{-15}$ ($cm^2\,sec^{-1}$).
Bei gleicher Temperatur unterscheiden sie sich wertmäßig voneinander bis zu einer Zehnerpotenz.
Einige der partiellen Diffusionskoeffizienten haben negatives Vorzeichen. Dies besagt, daß die durch den ersten unten stehenden Index gekennzeichnete Komponente gegen das Konzentrationsgefälle des durch den zweiten unten stehenden Index charakterisierten Elements diffundiert. Verständlich ist es, wenn man beachtet, daß sich diese Koeffizienten aus der Differenz zweier partieller Diffusionskoeffizienten zusammensetzen.
Diese Differenzgrößen sind zur Veranschaulichung in der Tabelle mitberücksichtigt.
Die vier mittleren bzw. Interdiffusionskoeffizienten für dieses System sind aus den in Tab. 3 enthaltenen partiellen Diffusionskoeffizienten nach analogen Beziehungen berechnet wie sie auf Seite 10 (Gl. 22–25) für das System Au—Ag—Cu aufgestellt sind.
Die Ergebnisse sind in Tab. 4 angegeben.

Tab. 4 Mittlere Diffusionskoeffizienten für das ternäre System Au—Pd—Ag

Legierung	T [°C]	$\bar{D}^{Ag}_{AuAu}$ [cm²/sec]	$\bar{D}^{Ag}_{PdPd}$ [cm²/sec]	$\bar{D}^{Ag}_{AuPd}$ [cm²/sec]	$\bar{D}^{Ag}_{PdAu}$ [cm²/sec]
36% (44,8 At.-%) Pd	1120	$5{,}03 \cdot 10^{-10}$	$8{,}06 \cdot 10^{-9}$	$4{,}35 \cdot 10^{-9}$	$3{,}13 \cdot 10^{-10}$
42% (28,3 At.-%) Au	1040	$3{,}18 \cdot 10^{-10}$	$2{,}16 \cdot 10^{-9}$	$1{,}14 \cdot 10^{-9}$	$4{,}04 \cdot 10^{-10}$
22% (27,1 At.-%) Ag	925	$4{,}00 \cdot 10^{-11}$	$2{,}74 \cdot 10^{-10}$	$1{,}46 \cdot 10^{-10}$	$5{,}66 \cdot 10^{-11}$
	775	$4{,}39 \cdot 10^{-12}$	$1{,}65 \cdot 10^{-11}$	$8{,}81 \cdot 10^{-12}$	$5{,}84 \cdot 10^{-12}$
	625	$2{,}78 \cdot 10^{-13}$	$1{,}10 \cdot 10^{-12}$	$6{,}65 \cdot 10^{-13}$	$3{,}15 \cdot 10^{-13}$
18% (20,4 At.-%) Pd	1040	$1{,}25 \cdot 10^{-9}$	$6{,}74 \cdot 10^{-9}$	$3{,}62 \cdot 10^{-9}$	$3{,}15 \cdot 10^{-10}$
22% (13,4 At.-%) Au	925	$1{,}33 \cdot 10^{-10}$	$6{,}86 \cdot 10^{-10}$	$3{,}02 \cdot 10^{-10}$	$3{,}07 \cdot 10^{-11}$
60% (66,5 At.-%) Ag	775	$3{,}34 \cdot 10^{-12}$	$4{,}16 \cdot 10^{-11}$	$2{,}26 \cdot 10^{-11}$	$-3{,}12 \cdot 10^{-12}$
	625	$2{,}52 \cdot 10^{-13}$	$7{,}58 \cdot 10^{-12}$	$4{,}26 \cdot 10^{-12}$	$2{,}42 \cdot 10^{-13}$

Die Werte dieser Interdiffusionskoeffizienten liegen in dem untersuchten Temperaturbereich zwischen $8 \cdot 10^{-9}$ und $2{,}4 \cdot 10^{-13}$ ($cm^2 \, sec^{-1}$). Bei gleicher Temperatur variieren sie ähnlich wie die partiellen Diffusionskoeffizienten innerhalb einer Zehnerpotenz. Beachtenswert ist, daß im Unterschied zu den partiellen Diffusionskoeffizienten, mit einer Ausnahme, alle Interdiffusionskoeffizienten positive Werte haben. Zur Ermittlung der Temperaturabhängigkeit der partiellen und der Interdiffusionskoeffizienten der Elemente dieses ternären Systems wurden die in Tab. 3 und 4 enthaltenen Werte logarithmisch gegen $1/T$ aufgetragen. Übersichtlichkeitshalber wurden bei dieser Auftragung die gemischten Glieder (z. B. D^3_{12}, auch als Cross Coeffizients bezeichnet) nicht berücksichtigt.

Um festzustellen, ob es von Bedeutung ist, welcher der drei Konzentrationsgradienten durch die zwei anderen ersetzt wird, wurden die zwei nichtgemischten Glieder (z. B. D^3_{11}, auch Direct Coefficients genannt) der partiellen und Interdiffusionskoeffizienten für jeden Gradientenaustausch in das Koordinatensystem eingetragen.

Die Ergebnisse für die beiden untersuchten Stellen des ternären Systems sind in den Abb. 30 und 31 dargestellt.

Die berechneten Werte der partiellen und der Interdiffusionskoeffizienten für die in Abb. 30 angegebene ternäre Legierung liegen bei gleicher Temperatur in einem Bereich, der größer als eine Zehnerpotenz ist. Durch diese Werte lassen sich genau so wie durch die der binären Legierungen Geraden ziehen. Wegen der Vielzahl der möglichen Geraden wurde in diesem Falle nur der Bereich durch zwei Linien abgegrenzt. Aus den für zwei partielle Diffusionskoeffizienten berechneten Ausgleichsgeraden wurden die Aktivierungsenergien und die Frequenzfaktoren bestimmt. Die Werte betragen: für D^{Pd}_{AgAg}: $Q = 48{,}9$ (kcal/mol) und $D_0 = 0{,}612$ (cm^2/sec), für D^{Ag}_{AuAu}: $Q = 50{,}7$ (kcal/mol) und $D_0 = 0{,}276$ (cm^2/sec).

Beachtenswert ist, daß zwei Interdiffusionskoeffizienten negative Werte haben.

Die Werte der partiellen und der Interdiffusionskoeffizienten der in Abb. 31 angegebenen ternären Legierung streuen gleichfalls in einem Bereich von nahezu zwei Zehnerpotenzen. Sie sind aber im Vergleich zu den Werten der in Abb. 30 angegebenen Legierung für die gleiche Temperatur um etwa eine Zehnerpotenz kleiner. Ähnlich wie bei den entsprechenden binären Randsystemen werden die Werte der Diffusionskoeffizienten mit steigendem Pd-Gehalt kleiner.

Auch bei dieser Legierung wurden für zwei partielle Diffusionskoeffizienten zur Bestimmung der Aktivierungsenergien und der Frequenzfaktoren Ausgleichsgeraden berechnet. Folgende Werte wurden hieraus ermittelt: für D^{Ag}_{PdPd}: $Q = 43{,}5$ (kcal/mol) und $D_0 = 1{,}77 \cdot 10^{-3}$ (cm^2/sec) und für D^{Au}_{AgAg}: $Q = 44{,}6$ (kcal/mol) und $D_0 = 2{,}16 \cdot 10^{-3}$ (cm^2/sec).

Bei der in Abb. 31 angegebenen Legierung sind gleichfalls zwei der Interdiffusionskoeffizienten negativ.

Für den zahlenmäßigen Vergleich der partiellen Diffusionskoeffizienten der Elemente Pd, Au und Ag der beiden untersuchten ternären Legierungen mit den gemeinsamen Diffusionskoeffizienten der entsprechenden Randsysteme sind die Werte dieser Diffusionskoeffizienten in Tab. 5 zusammengestellt.

Bei den binären Systemen wurden für den Vergleich die Werte der gemeinsamen Diffusionskoeffizienten für jeweils zwei Konzentrationen, entsprechend der Zusammensetzung der ternären Legierung, angegeben.

An Hand der zusammengestellten Werte gibt es mehrere Vergleichsmöglichkeiten zwischen den Diffusionskoeffizienten der einzelnen Legierungen in Abhängigkeit von der Temperatur, Konzentration und Zusammensetzung.

Tab. 5 Partielle Diffusionskoeffizienten des ternären Systems Au—Ag—Pd *und gemeinsame Diffusionskoeffizienten der binären Systeme* Pd—Ag, Pd—Au *und* Pd—Cu

Legierung	T [°C]	D^{Ag}_{AuAu} [cm²/sec]	D^{Ag}_{PdPd} [cm²/sec]	D^{Au}_{PdPd} [cm²/sec]	D^{Au}_{AgAg} [cm²/sec]	D^{Pd}_{AuAu} [cm²/sec]	D^{Pd}_{AgAg} [cm²/sec]	D System Pd—Ag [cm²/sec]	D System Pd—Au [cm²/sec]	D System Au—Ag [cm²/sec]
36% Pd 42% Au 22% Ag	1120	$1{,}66 \cdot 10^{-10}$	$2{,}75 \cdot 10^{-10}$	$1{,}70 \cdot 10^{-10}$	$5{,}00 \cdot 10^{-10}$	$1{,}29 \cdot 10^{-9}$	$1{,}01 \cdot 10^{-9}$			
	1040	$5{,}00 \cdot 10^{-11}$	$7{,}72 \cdot 10^{-11}$	$6{,}33 \cdot 10^{-11}$	$1{,}61 \cdot 10^{-10}$	$3{,}34 \cdot 10^{-10}$	$3{,}70 \cdot 10^{-10}$		$2{,}4 \cdot 10^{-10}$ (36% Pd) $1{,}3 \cdot 10^{-10}$ (42% Au)	
	925	$8{,}45 \cdot 10^{-12}$	$1{,}02 \cdot 10^{-11}$	$7{,}00 \cdot 10^{-12}$	$1{,}82 \cdot 10^{-11}$	$4{,}40 \cdot 10^{-11}$	$3{,}31 \cdot 10^{-11}$	$9{,}0 \cdot 10^{-11}$ (36% Pd) $6{,}5 \cdot 10^{-12}$ (22% Ag)	$4{,}6 \cdot 10^{-11}$ (36% Pd) $2{,}35 \cdot 10^{-11}$ (42% Au)	
	775	$6{,}27 \cdot 10^{-13}$	$1{,}19 \cdot 10^{-12}$	$6{,}20 \cdot 10^{-13}$	$2{,}50 \cdot 10^{-12}$	$2{,}75 \cdot 10^{-12}$	$2{,}84 \cdot 10^{-12}$	$1{,}5 \cdot 10^{-11}$ (36% Pd) $1{,}8 \cdot 10^{-12}$ (22% Ag)	$3{,}6 \cdot 10^{-12}$ (36% Pd) $1{,}85 \cdot 10^{-12}$ (42% Au)	
	625	$4{,}30 \cdot 10^{-14}$	$3{,}60 \cdot 10^{-14}$	$3{,}12 \cdot 10^{-14}$	$1{,}26 \cdot 10^{-13}$	$1{,}85 \cdot 10^{-13}$	$1{,}63 \cdot 10^{-13}$	$1{,}85 \cdot 10^{-12}$ (36% Pd) $7{,}5 \cdot 10^{-13}$ (22% Ag)	$3{,}7 \cdot 10^{-13}$ (36% Pd) $1{,}7 \cdot 10^{-13}$ (42% Au)	$1{,}1 \cdot 10^{-11}$ (42% Au) $1{,}2 \cdot 10^{-11}$ (22% Ag)
18% Pd 22% Au 60% Ag	1040	$1{,}11 \cdot 10^{-9}$	$8{,}34 \cdot 10^{-10}$	$7{,}22 \cdot 10^{-10}$	$1{,}33 \cdot 10^{-9}$	$1{,}59 \cdot 10^{-9}$	$3{,}51 \cdot 10^{-9}$		$3{,}8 \cdot 10^{-10}$ (18% Pd) $4{,}6 \cdot 10^{-11}$ (22% Au)	
	925	$1{,}44 \cdot 10^{-10}$	$1{,}91 \cdot 10^{-10}$	$1{,}36 \cdot 10^{-10}$	$1{,}89 \cdot 10^{-10}$	$1{,}70 \cdot 10^{-10}$	$4{,}23 \cdot 10^{-10}$	$2{,}0 \cdot 10^{-10}$ (18% Pd) $8{,}0 \cdot 10^{-11}$ (60% Ag)	$7{,}5 \cdot 10^{-11}$ (18% Pd) $7{,}5 \cdot 10^{-12}$ (22% Au)	
	775	$6{,}40 \cdot 10^{-12}$	$4{,}60 \cdot 10^{-12}$	$3{,}49 \cdot 10^{-12}$	$5{,}22 \cdot 10^{-12}$	$1{,}09 \cdot 10^{-11}$	$2{,}03 \cdot 10^{-11}$	$2{,}8 \cdot 10^{-11}$ (18% Pd) $1{,}3 \cdot 10^{-11}$ (60% Ag)	$5{,}5 \cdot 10^{-12}$ (18% Pd) $6{,}0 \cdot 10^{-13}$ (22% Au)	
	625	$1{,}40 \cdot 10^{-13}$	$1{,}45 \cdot 10^{-13}$	$1{,}43 \cdot 10^{-12}$	$1{,}19 \cdot 10^{-13}$	$2{,}76 \cdot 10^{-13}$	$5{,}20 \cdot 10^{-13}$	$2{,}3 \cdot 10^{-12}$ (18% Pd) $1{,}9 \cdot 10^{-12}$ (60% Ag)	$6{,}7 \cdot 10^{-13}$ (18% Pd) $2{,}8 \cdot 10^{-14}$ (22% Au)	$1{,}1 \cdot 10^{-11}$ (22% Au) $1{,}1 \cdot 10^{-10}$ (60% Ag)

4.7.2 Ergebnisse aus den Untersuchungen des ternären Systems Au—Ag—Cu

Das ternäre System Au—Ag—Cu wurde an den beiden in Abb. 4 angezeigten Stellen untersucht. Die Zusammensetzungen der untersuchten Legierungen sind in Tab. 7 und die der Ausgangslegierung in Abb. 32 und 33 angegeben. Die Glühtemperaturen und -zeiten sind in Tab. 6 (Sp. 2 und 3) enthalten.

Die experimentell bestimmten Konzentrations-Weg-Kurven der Elemente für die Glühtemperatur von 770° C und der Glühdauer von 75 h 30 min der Diffusionspaare L1–L2 und L3–L4 sind in Abb. 32 und die der Diffusionspaare L6–L7 und L7–L8 in Abb. 33 dargestellt.

Im Diffusionspaar L1–L2 wurde die Konzentration von Ag mit 10% in beiden Legierungen und in der Diffusionsprobe L3–L4 die von Cu mit 10% in beiden Legierungen konstant gehalten. Die Konzentration der zwei anderen zum Diffusionspaar dazugehörigen Elemente wurden um jeweils 15% variiert.

In den Diffusionspaaren L1–L2 und L3–L4 verlaufen in dem untersuchten Konzentrationsbereich und bei der Glühtemperatur die Konzentrations-Weg-Kurven der Elemente relativ symmetrisch. Demzufolge sind in diesem Konzentrationsbereich die Diffusionskoeffizienten von der Konzentration nur unwesentlich abhängig. Im Diffusionspaar L1–L2 diffundieren die Elemente Au und Cu etwa mit der gleichen Geschwindigkeit, was auch bei den Untersuchungen von Ziebold und Ogilvio [34] festgestellt wurde, die die vier Interdiffusionskoeffizienten für die Temperatur von 725° C bestimmt haben.

Im Diffusionspaar L3–L4 wandert Ag schneller als Au. Im Diffusionspaar L5–L6 wurde die Konzentration von Au mit 25% in beiden Legierungen und im Diffusionspaar L7–L8 die von Cu mit 5% in beiden Legierungen konstant gehalten. Die Konzentration der beiden anderen zum Diffusionspaar gehörigen Elemente wurde um jeweils 9 bzw. 10% geändert.

Ähnlich wie die in Abb. 32 dargestellten Konzentrations-Weg-Kurven verlaufen auch die in Abb. 33 dargestellten Konzentrationskurven bezüglich der Matano-Ebene relativ symmetrisch.

Im Diffusionspaar L6–L5 diffundiert Cu schneller als Ag, im Diffusionspaar L7–L6 wandert wiederum, ähnlich wie im binären System, Ag schneller als Au.

Die aus den Konzentrations-Weg-Kurven graphisch ermittelten Konzentrationsgradienten und planimetrisch bestimmten Stoffmengen sind in Tab. 6 angegeben.

Für die Ag-reichen Legierungen konnten die Konzentrationsgradienten und diffundierten Stoffmengen nur für die Temperatur von 770° C ermittelt werden. Bei niedrigeren Glühtemperaturen kam es zur Ausscheidung der Cu-reichen Phase.

Aus den in Tab. 6 enthaltenen Werten wurden nach den auf Seiten 9/10 (Gl. 16–21) aufgestellten Gleichungen die sechs partiellen Diffusionskoeffizienten berechnet. Die Ergebnisse sind in Tab. 7 wiedergegeben.

In dem untersuchten Temperaturbereich variieren die Werte der partiellen Diffusionskoeffizienten etwa zwischen $3 \cdot 10^{-10}$ und 10^{-14} (cm²/sec). Einige der partiellen Diffusionskoeffizienten sind negativ.

Beachtenswert ist, daß für die Legierung mit 25% Au, 70% Ag und 5% Cu bei der Glühtemperatur von 770° C nur einer der partiellen Diffusionskoeffizienten positiven Wert besitzt. Die Tendenz zur Entmischung macht sich in diesem Fall auch bei der Glühtemperatur von 770° C bemerkbar. Aus den in Tab. 7 enthaltenen Werten der partiellen Diffusionskoeffizienten wurden für dieses ternäre System die Interdiffusionskoeffizienten berechnet. Die Ergebnisse sind in Tab. 8 angegeben.

Tab. 6 Versuchsergebnisse für das System Au—Ag—Cu

Legierung	T [°C]	t [h]	$\partial C_{Au}/\partial X$ [Gew.-%/cm]	$\partial C_{Ag}/\partial X$ [Gew.-%/cm]	$\partial C_{Cu}/\partial X$ [Gew.-%/cm]	$M_{Au} \cdot 10^4$ [Gew.-%/cm]	$M_{Ag} \cdot 10x^4$ [Gew.-%/cm]	$M_{Cu} \cdot 10^4$ [Gew.-%/cm]
L1–L2	770	75,5	— 406	— 8 — 11*	417	700	— 150	—910
L3–L4	770	75,5	— 428	435	13 — 7*	376	—1086,9	—460
L5–L6	770	75,5	0 — 5*	275	— 270	1275	— 168	624,5
L7–L8	770	75,5	— 370	367	0 3*	253	—1689	— 95
L1–L2	700	92	— 990	— 166 120*	1110	320	— 80	—300
L3–L4	700	92	— 750	735	0 15*	380	— 518	— 60
L1–L2	625	371	— 644	— 340 — 311*	964	284	— 80	—300
L3–L4	625	371	—1050	1075	— 52 — 25*	290	— 400	— 50
L1–L2	500	1459	—4500	— 640 — 550*	5000	100	— 50	—100
L3–L4	500	1459	—5500	5800	— 600 — 300*	120	— 160	— 30

* Nach Gleichung $\frac{\partial C_A}{\partial X} + \frac{\partial C_B}{\partial X} = -\frac{\partial C_C}{\partial X}$ berechnete Werte.

Tab. 7 Partielle Diffusionskoeffizienten für das ternäre System Au—Ag—Cu

Legierung	T [°C]	D^{Cu}_{AuAu} $D_{AuAu}-D_{AuCu}$ [cm²/sec]	D^{Cu}_{AgAg} $D_{AgAg}-D_{AgCu}$ [cm²/sec]	D^{Cu}_{AuAg} $D_{AuAg}-D_{AuCu}$ [cm²/sec]	D^{Cu}_{AgAu} $D_{AgAu}-D_{AgCu}$ [cm²/sec]	D^{Cu}_{CuAu} $D_{CuAu}-D_{CuCu}$ [cm²/sec]	D^{Cu}_{CuAg} $D_{CuAg}-D_{CuCu}$ [cm²/sec]
82% (65,0 At.-%) Au	770	$3{,}41 \cdot 10^{-10}$	$3{,}75 \cdot 10^{-10}$	$8{,}10 \cdot 10^{-11}$	$-7{,}84 \cdot 10^{-11}$	$-4{,}06 \cdot 10^{-10}$	$-3{,}40 \cdot 10^{-10}$
9% (13,0 At.-%) Ag	700	$5{,}19 \cdot 10^{-11}$	$6{,}68 \cdot 10^{-11}$	$-2{,}70 \cdot 10^{-11}$	$-2{,}02 \cdot 10^{-11}$	$-4{,}20 \cdot 10^{-11}$	$-3{,}02 \cdot 10^{-11}$
9% (22,1 At.-%) Cu	625	$1{,}46 \cdot 10^{-11}$	$6{,}30 \cdot 10^{-12}$	$4{,}15 \cdot 10^{-12}$	$-7{,}77 \cdot 10^{-12}$	$-1{,}24 \cdot 10^{-11}$	$-1{,}05 \cdot 10^{-11}$
	500	$2{,}10 \cdot 10^{-13}$	$1{,}65 \cdot 10^{-13}$	$1{,}20 \cdot 10^{-14}$	$-1{,}23 \cdot 10^{-13}$	$-1{,}95 \cdot 10^{-13}$	$-1{,}35 \cdot 10^{-13}$
25% (14,9 At.-%) Au 70% (76,0 At.-%) Ag 5% (9,2 At.-%) Cu	770	$-7{,}33 \cdot 10^{-10}$	$9{,}89 \cdot 10^{-11}$	$-8{,}66 \cdot 10^{-10}$	$-7{,}42 \cdot 10^{-12}$	$-4{,}70 \cdot 10^{-10}$	$-4{,}26 \cdot 10^{-10}$

Tab. 8 Mittlere Diffusionskoeffizienten für das ternäre System Au—Ag—Cu

Legierung	T [°C]	$\bar{D}^{Cu}_{AuAu}$ [cm²/sec]	$\bar{D}^{Cu}_{AgAg}$ [cm²/sec]	$\bar{D}^{Cu}_{AuAg}$ [cm²/sec]	$\bar{D}^{Cu}_{AgAu}$ [cm²/sec]
82% Au	770	$1{,}41 \cdot 10^{-9}$	$1{,}01 \cdot 10^{-10}$	$-1{,}06 \cdot 10^{-9}$	$1{,}66 \cdot 10^{-10}$
9% Ag	700	$1{,}19 \cdot 10^{-10}$	$5{,}43 \cdot 10^{-11}$	$-8{,}93 \cdot 10^{-11}$	$-6{,}84 \cdot 10^{-12}$
9% Cu	625	$5{,}05 \cdot 10^{-11}$	$1{,}65 \cdot 10^{-11}$	$6{,}89 \cdot 10^{-11}$	$9{,}89 \cdot 10^{-12}$
	500	$3{,}48 \cdot 10^{-12}$	$5{,}11 \cdot 10^{-13}$	$2{,}04 \cdot 10^{-12}$	$5{,}00 \cdot 10^{-13}$
25% Au 70% Ag 5% Cu	770	$1{,}07 \cdot 10^{-9}$	$9{,}16 \cdot 10^{-9}$	$9{,}12 \cdot 10^{-10}$	$9{,}19 \cdot 10^{-9}$

Die Werte der Interdiffusionskoeffizienten variieren in dem untersuchten Temperaturbereich etwa zwischen $9 \cdot 10^{-9}$ und $5 \cdot 10^{-13}$ (cm²/sec). Bei gleicher Temperatur unterscheiden sie sich voneinander wertmäßig bis zu einer Zehnerpotenz.

Die Werte der partiellen und Interdiffusionskoeffizienten für die Au-reiche Legierung wurden, analog zu den der ternären Legierungen des Systems Au—Pd—Ag, zur Ermittlung der Temperaturabhängigkeit logarithmisch gegen $1/T$ aufgetragen. Bei dieser Auftragung wurden übersichtshalber die gemischten Glieder nicht berücksichtigt, dagegen wurden die Werte der nichtgemischten Glieder für jeden Gradientenaustausch aufgetragen. Die Ergebnisse sind in Abb. 34 dargestellt. Ähnlich wie bei den Legierungen des ternären Systems Au—Ag—Pd lassen sich die Werte der partiellen und Interdiffusionskoeffizienten dieser ternären Legierung mit der in Abb. 34 angegebenen Zusammensetzung durch Geraden darstellen.

Für zwei partielle Diffusionskoeffizienten wurden Ausgleichsgeraden (Regressionsgeraden) und daraus die Aktivierungsenergien und Frequenzfaktoren berechnet. Hierbei ergaben sich folgende Werte:

Für

$$D^{Cu}_{AuAu}\ Q = 43{,}2\ \text{(kcal/mol) und } D_0 = 0{,}408\ \text{(cm}^2\text{/sec)}$$

und für

$$D^{Au}_{AgAg}\ Q = 43{,}2\ \text{(kcal/mol) und } D_0 = 0{,}39\ \text{(cm}^2\text{/sec)}.$$

Die Werte der einzelnen partiellen und Interdiffusionskoeffizienten liegen bei gleicher Temperatur im Bereich von einer Zehnerpotenz.

Zum Vergleich sind die Werte der partiellen und der Interdiffusionskoeffizienten der ternären Legierungen und die ermittelten Werte der gemeinsamen Diffusionskoeffizienten der binären Systeme Au—Cu und Au—Ag in Tab. 9 zusammengestellt.

Bei den Ag-reichen Legierungen des ternären Systems Au—Ag—Cu besteht auch bei geringen Cu-Gehalten die Tendenz zur Entmischung.

Beachtenswert ist, daß sich in der Versuchsprobe L7–L8, die 5% Cu enthielt, während der Diffusionsglühung bei 625°C an einigen Stellen der Schweißebene eine Cu-reiche Phase ausgeschieden hat. Durch diese Ausscheidung konnten an diesen Stellen der Schweißebene Konzentrationssprünge festgestellt werden. Ein Beispiel hierfür ist in Abb. 35 dargestellt. Die Cu-reiche Phase hatte etwa die Zusammensetzung, wie sie in Abb. 35 angegeben ist.

Diese Phase breitete sich in Richtung der Schweißebene aus. Senkrecht zur Schweißebene war sie etwa 2–5 µm breit.

Tab. 9 Partielle Diffusionskoeffizienten des ternären Systems Au—Ag—Cu *und gemeinsame Diffusionskoeffizienten der binären Systeme* Au—Ag *und* Au—Cu

Legierung	T [°C]	D^{Cu}_{AuAu} [cm²/sec]	D^{Cu}_{AgAg} [cm²/sec]	D^{Ag}_{AuAu} [cm²/sec]	D^{Ag}_{CuCu} [cm²/sec]	D^{Au}_{AgAg} [cm²/sec]	D^{Au}_{CuCu} [cm²/sec]	D System Au—Ag [cm²/sec]	D System Au—Cu [cm²/sec]
82% Au 9% Ag 9% Cu	770	$3,41 \cdot 10^{-10}$	$3,75 \cdot 10^{-10}$	$1,56 \cdot 10^{-10}$	$3,04 \cdot 10^{-10}$	$4,53 \cdot 10^{-10}$	$4,06 \cdot 10^{-10}$		$5,8 \cdot 10^{-10}$ (82% Au) $7,7 \cdot 10^{-10}$ (9% Cu)
	700	$5,19 \cdot 10^{-11}$	$6,68 \cdot 10^{-11}$	$7,89 \cdot 10^{-11}$	$3,02 \cdot 10^{-11}$	$8,70 \cdot 10^{-11}$	$4,20 \cdot 10^{-11}$		
	625	$1,46 \cdot 10^{-11}$	$6,30 \cdot 10^{-12}$	$1,05 \cdot 10^{-11}$	$1,05 \cdot 10^{-11}$	$1,28 \cdot 10^{-11}$	$1,24 \cdot 10^{-11}$	$1,19 \cdot 10^{-11}$ (82% Au) $1,25 \cdot 10^{-11}$ (9% Ag)	
	500	$2,10 \cdot 10^{-13}$	$1,65 \cdot 10^{-13}$	$9,60 \cdot 10^{-13}$	$1,35 \cdot 10^{-13}$	$6,61 \cdot 10^{-13}$	$1,95 \cdot 10^{-13}$		
25% Au 70% Ag 5% Cu	770	$-7,33 \cdot 10^{-10}$	$9,89 \cdot 10^{-11}$	$1,33 \cdot 10^{-10}$	$4,26 \cdot 10^{-10}$	$1,06 \cdot 10^{-10}$	$4,70 \cdot 10^{-10}$		$1,35 \cdot 10^{-10}$ (25% Au) $9,50 \cdot 10^{-10}$ (5% Cu)

Bei den vergoldeten Cu-haltigen Silberlegierungen besteht daher die Gefahr, daß sich das Kupfer unter bestimmten Betriebsbedingungen in der Au-Schicht anreichert und die chemischen Eigenschaften dieser galvanischen Schicht nachteilig verändert.
Zum Vergleich der partiellen Diffusionskoeffizienten der Elemente der untersuchten ternären Legierungen mit den gemeinsamen Diffusionskoeffizienten der binären Systeme und den Selbstdiffusionskoeffizienten sind in Abb. 36 die Geraden dieser Diffusionskoeffizienten zusammengestellt.
An Hand dieser Geraden ist es möglich, die Abhängigkeit der Diffusion von der Temperatur und der Legierungszusammensetzung festzustellen. Hiernach ist die Selbstdiffusion von Pd am kleinsten. Die Selbstdiffusion von Au, Ag und Cu ist kleiner als die Diffusion in den entsprechenden binären Legierungen, dagegen größer als die in den Pd-haltigen Legierungen. Palladium setzt die Diffusionsgeschwindigkeit der Elemente Au, Ag und Cu herab. Die Werte der partiellen Diffusionskoeffizienten der ternären Legierungen liegen zwischen denen der Selbstdiffusionskoeffizienten und denen der gemeinsamen Diffusionskoeffizienten der zugehörigen binären Systeme.

5. Zusammenfassung

Die theoretischen Grundlagen über die Bestimmung der Diffusionskoeffizienten in binären und ternären Systemen werden zusammenfassend dargestellt.
Die experimentellen Untersuchungen erstrecken sich auf die Bestimmung des Diffusionsverhaltens der Elemente Pd, Au, Ag und Cu in den ternären Systemen Pd—Au—Ag und Au—Ag—Cu und in den entsprechenden binären Randsystemen.
Hierzu wurden die gemeinsamen Diffusionskoeffizienten der Elemente verschweißter und galvanisch hergestellter Proben der Systeme Pd—Cu, Pd—Ag und Pd—Au bei verschiedenen Temperaturen und der Systeme Au—Cu und Au—Ag bei jeweils einer Temperatur in Abhängigkeit von der Konzentration nach der Matano-Methode ermittelt. Die Berechnung erfolgte mit Hilfe eines bekannten Rechenprogramms im Rechenzentrum der TH Aachen.
Ferner wurden für die untersuchten binären Systeme der verschweißten Proben für die Zusammensetzung der Schweißebene die partiellen Diffusionskoeffizienten nach den Darkenschen Beziehungen berechnet.
Bei dem System Ag—Cu wurde die Bildung des Eutektikums unterhalb und oberhalb der eutektischen Temperatur untersucht. Die ternären Systeme wurden an jeweils zwei Stellen bei verschiedenen Temperaturen untersucht. Für die ternären Legierungen mit den Zusammensetzungen der Schweißebene wurden die partiellen und Interdiffusionskoeffizienten nach der Methode von Guy bestimmt.
Die Ergebnisse zeigen, daß die gemeinsamen Diffusionskoeffizienten je nach System unterschiedlich stark von der Konzentration abhängig sind. Während die Werte der gemeinsamen Diffusionskoeffizienten der Elemente der Systeme Pd Ag, Pd—Au, Pd—Cu und Au—Cu je nach Konzentration innerhalb drei Zehnerpotenzen variieren, konnte im System Au—Ag bei der verschweißten Probe keine, bei der galvanisch hergestellten Probe geringe Konzentrationsabhängigkeit der gemeinsamen D.K. festgestellt werden.
Die partiellen Diffusionskoeffizienten der Elemente der untersuchten Systeme unterscheiden sich voneinander nur unwesentlich.

Die durch die Elektrokristallisation bedingte kristallographische Struktur übt bei höheren Glühtemperaturen auf die gegenseitige Diffusion der Elemente keinen bzw. einen nur unwesentlichen Einfluß aus. Eine Ausnahme bildet das System Pd—Ag, in dem die gemeinsamen Diffusionskoeffizienten bei der Glühtemperatur von 735°C von der Konzentration nahezu unabhängig sind.
Bei den ternären Systemen konnte festgestellt werden, daß sich bei gleicher Glühtemperatur die Werte der partiellen und der Interdiffusionskoeffizienten bis zu einer Zehnerpotenz voneinander unterscheiden können.
Einige der Diffusionskoeffizienten haben negatives Vorzeichen. Die bei logarithmischer Auftragung erhaltenen Geraden der partiellen D.K. liegen im Bereich, der einerseits durch die Geraden der Selbstdiffusion der dazugehörigen Elemente und andererseits durch die Geraden der gegenseitigen Diffusion der entsprechenden binären Systeme begrenzt ist.

6. Literaturverzeichnis

[1] Jost, W., Solutions of the Diffusion Equations, in: Diffusion in Solids, Liquide, Gases. Acad. Press, New York, London, 1960, S. 16.

[2] Hauffe, K., Grundlösungen der Diffusionsgleichung, in: Reaktionen in und an festen Stoffen. Springer-Verlag, Berlin–Göttingen–Heidelberg 1955, S. 266.

[3] Seith, W., Definition des Diffusionskoeffizienten und Ficksche Gleichungen, in: Diffusion in Metallen. Springer-Verlag, Berlin–Göttingen–Heidelberg 1955, S. 4.

[4] Crank, J., The Mathematics of Diffusion. Oxford University Press, Fair Lewn, N.J., 1956, S. 4; und Nature 178 (1956) 609.

[5] Matano, Ch., On the Relation between the Diffusion Coefficients and Concentrations of Solid Metals. Japan J. Phys. 8 (1933) 109.

[6] Onsager, L., Theories and Problems of Liquid Diffusion. Annals, New York, Academy of Sciences 46 (1945) 241.

[7] Fujjta, H., und L. J. Gosting, An exact Solution of the Equations for Free Diffusion in Three-Component Systems. J. Amer. Chem. Soc. 79 (1956) 1099.

[8] Kirkaldy, J. S., Diffusion in Multicomponent Metallic Systems. Can. J. Phys. 35 (1957) 435; Can. J. Phys. 36 (1958) 899; Can. J. Phys. 37 (1959) 30.

[9] Kirkaldy, J. S., und G. R. Purdy, Diffusion in Multicomponent Metallic Systems. Can. J. Phys. 40 (1962) 208.

[10] Kirkaldy, J. S., D. Weichert und Zia-Ul-Haq, Diffusion in Multicomponent Metallic Systems. Can. J. Phys. 41 (1963) 2166.

[11] Kirkaldy, J. S., J. E. Lange und G. R. Mason, Diffusion in Multicomponent Metallic Systems. Can. J. Phys. 41 (1963) 2174.

[12] Guy, A. G., und C. B. Smith, Analysis of Diffusion Phenomena in Three-Component Metallic Systems. Trans. ASM 55 (1962) 1.

[13] Guy, A. G., und V. Leroy, Diffusion on Systems Ternaire Application an Systeme Cobalt–Nickel–Chrome. Journees Internationales des Applications du Cobalt 9–11 (1964) 1.

[14] Guy, A. G., und J. Philibert, Determination of Intrinsic Diffusion Coefficients in Three-Components solid Solutions. Z. Metallkde. 56 (1965) 841.

[15] Guy, A. G., V. Leroy und T. B. Lindemer, Diffusion Calculations in Three-Component Solid Solutions. Trans. ASM 59 (1966) 517.

[16] Ruth, V., und G. W. Powell, Concerning the determination of intrinsic diffusion coefficients in binary systems. Acta Met. 12 (1964) 264.

[17] HANSEN, M., Constitution of binary Alloys. McGraw-Hill Book Company, Inc., New York–Toronto–London 1958.

[18] GUERTLER, W., und E. ANASTASIADIS, Konstitution der ternären metallischen Systeme. Kompendium. Ernst Jaster Verlag Berlin-Dahlem, Heft 2–4 (1956/57).

[19] NEMILOV, V. A., A. A. RUDNITSKY und T. A. VIDUSOVA, Das System Gold–Palladium–Silber (russ.), Izvest. Sekt. Platiny 20 (1947) 225.

[20] WINTERHAGER, H., R. KAMMEL und R. SAMANS, Anwendungen des Elektronenstrahl-Mikroanalysators bei der metallurgischen Untersuchung von Erzen und Metallen. Forschungsbericht des Landes Nordrhein-Westfalen, Westdeutscher Verlag Köln und Opladen, Nr. 1880 (1968).

[21] THEISSEN, A., Private Mitteilung. Inst. für Eisenhüttenkunde der TH Aachen.

[22] DARKEN, L. S., Diffusion, Mobility and their Interrelation through Free Energy in binary metallic Systems. Trans. AIME 175 (1948) 184.

[23] JOST, W., Die Diffusionsgeschwindigkeit einiger Metalle in Gold und Silber. Z. phys. Chem. B. 21 (1953) 158.

[24] KUCZYNSKI, G. C., M. DOYAMA und M. E. FINE, Transformations in Disordered Gold-Copper Alloys. J. Appl. Phys. 27 (1956) 651.

[25] EBERT, H., und G. TROMMSDORF, Die Diffusion von Silber in Gold. Z. Elektrochem. 54 (1950) 294.

[26] HEUMANN, TH., und G. WALTHER, Der Kirkendall-Effekt in Silber–Gold-Legierungen im gesamten Konzentrationsbereich. Z. Metallkde. 48 (1957) 151.

[27] RESNICK, R., und L. L. SEIGLE, Void formation in silver-gold diffusion couples. J. Appl. Phys. 28 (1957) 513.

[28] SEITH, W., und E. PERETTI, Diffusion in festen Metallen und deren Beziehungen zu anderen Eigenschaften. Z. Elektrochem. 42 (1936) 570.

[29] NACHTRIEB, N. H., J. PETIT und J. WEHRENBERG, Self-Diffusion of Silver-Palladium Alloys. J. chem. Phys. 26 (1957) 106.

[30] GASTOS, H. C., und A. D. KURTZ, Determination of the Self-Diffusion Coefficients of Gold by Autoradiography. J. Metals, 6, AIME 200 (1959) 616.

[31] RAYNOR, C. L., L. THOMASSEN und L. J. ROUSE, The Self-Diffusion of Copper. Trans. ASM (1942) 313.

[32] PETTERSON, N. L., Isotope Effect in Self-Diffusion in Palladium. Phys. Rev. 136 (1964) 568.

[33] JOUMOT, F. E., und A. SAWATZKY, Diffusion of Gold in Single Crystals of Silver. J. Appl. Phys. 27 (1956) 1186.

[34] ZIEBOLD, TH. D., und R. E. OGILVIE, Ternary Diffusion in Copper-Silver-Gold Alloys. Trans. AIME 239 (1967) 942.

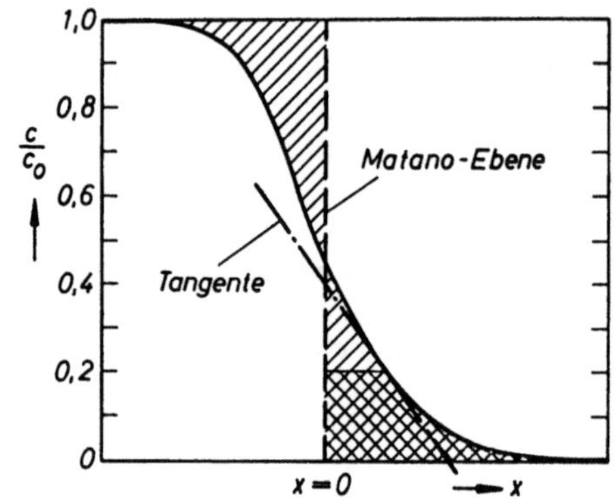

Abb. 1 Auswertungsmethoden nach MATANO

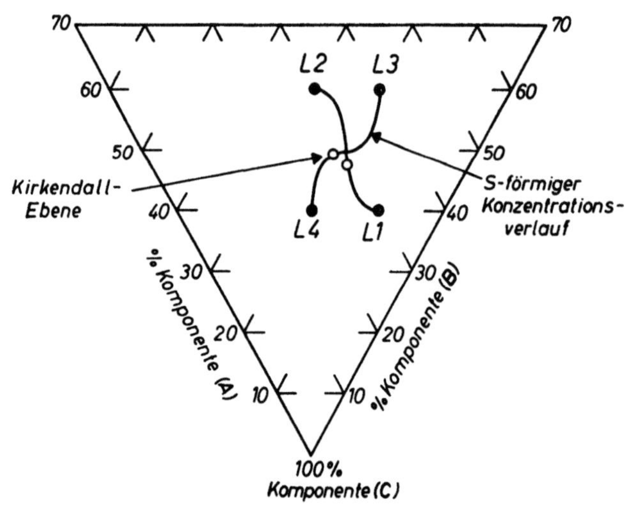

Abb. 2 Anfangsbedingungen für die Diffusionsuntersuchung in ternären Systemen

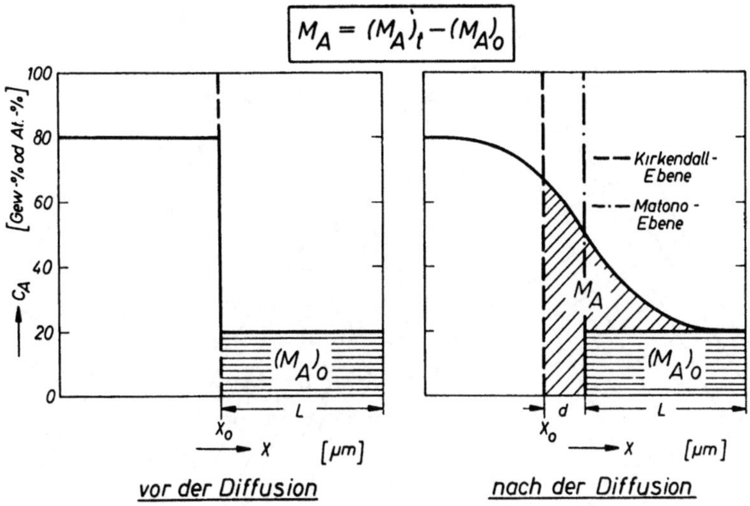

Abb. 3 Methode zur Bestimmung von M_A

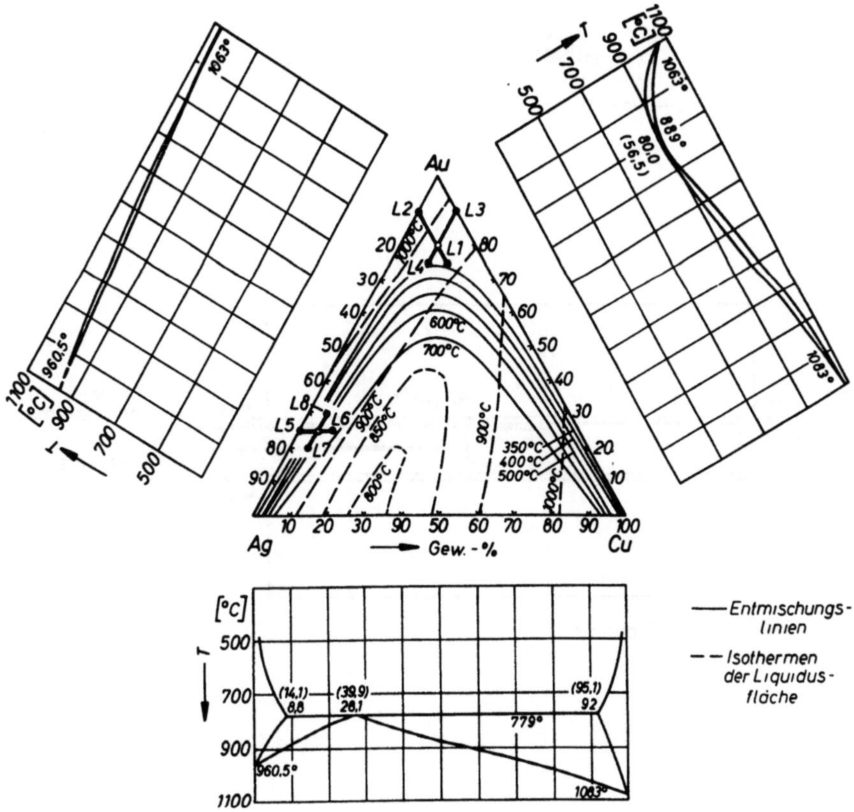

Abb. 4 System Au—Ag—Cu

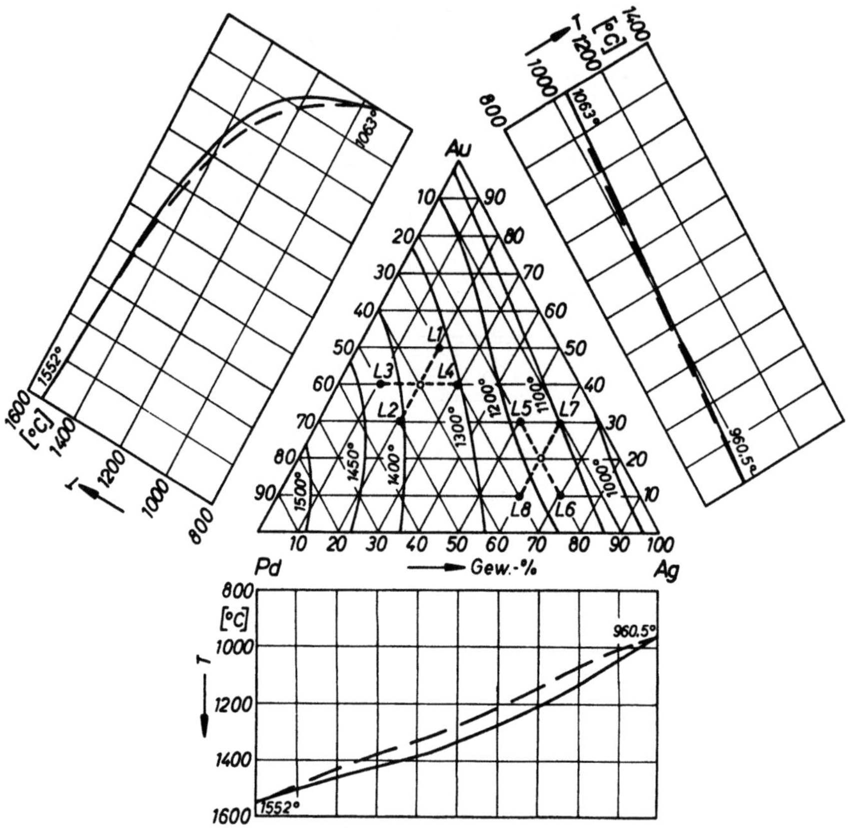

Abb. 5 System Pd—Ag—Au

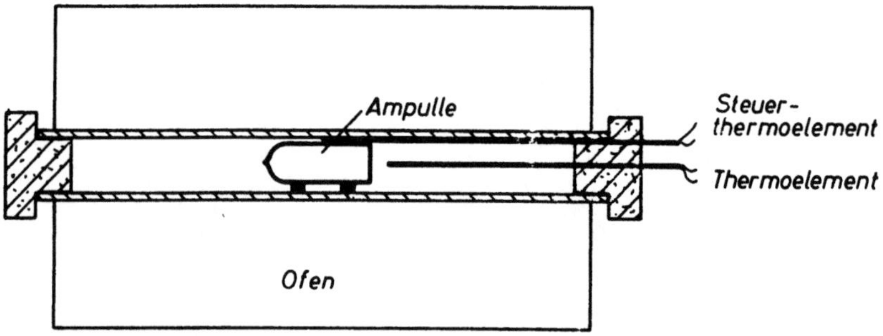

Abb. 6 Skizze des Glühofens

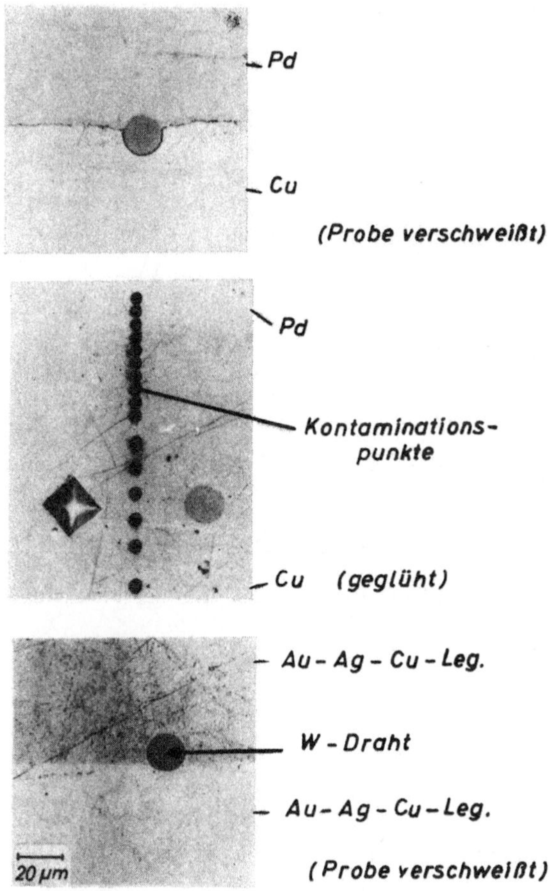

Abb. 7 Beispiel zur Meßmethode

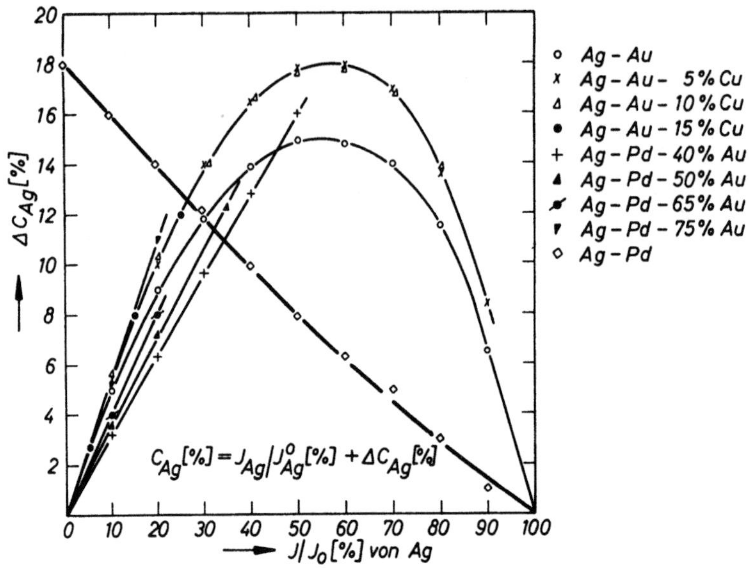

Abb. 8 Eichkurven zur Korrektur der gemessenen Ag—L_α-Strahlung

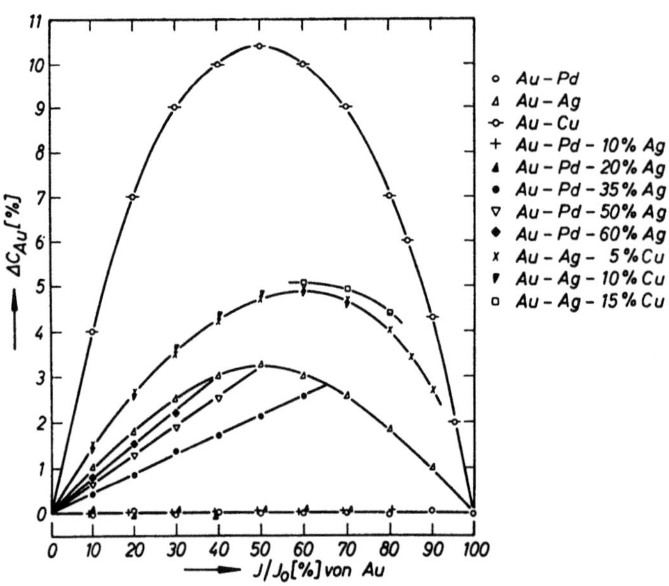

Abb. 9 Eichkurven zur Korrektur der gemessenen Au—L_α-Strahlung

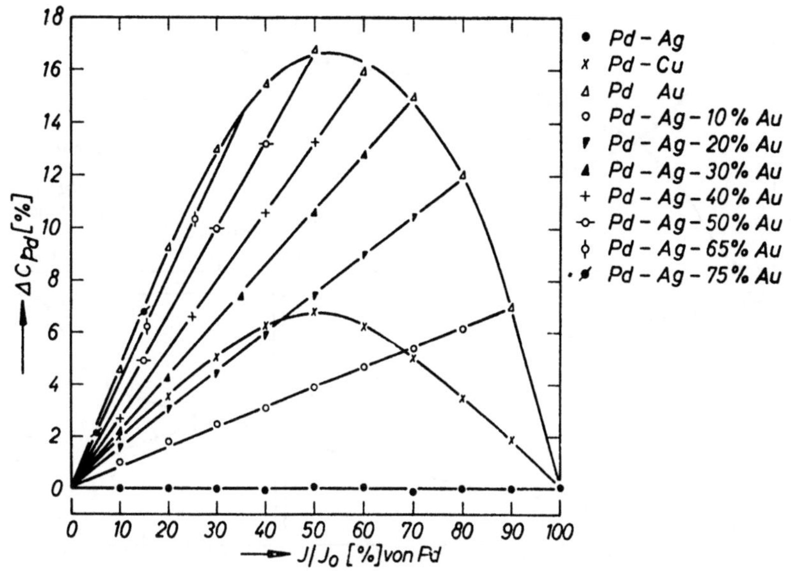

Abb. 10 Eichkurven zur Korrektur der gemessenen Pd—L_α-Strahlung

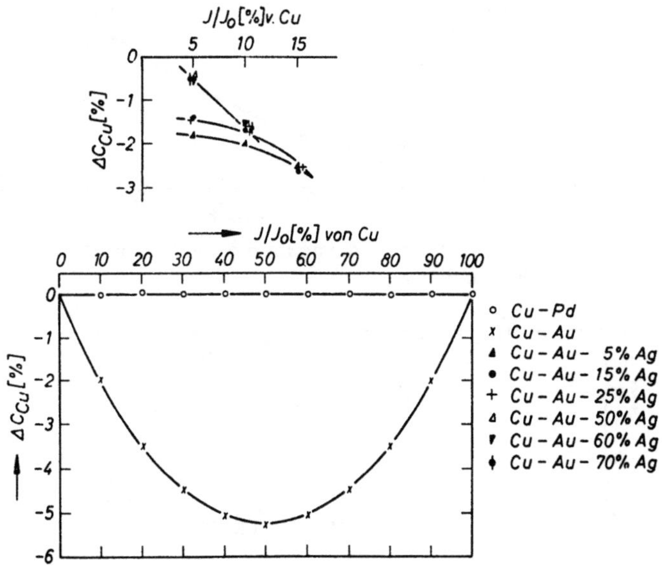

Abb. 11 Eichkurven zur Korrektur der gemessenen Cu—K_α-Strahlung

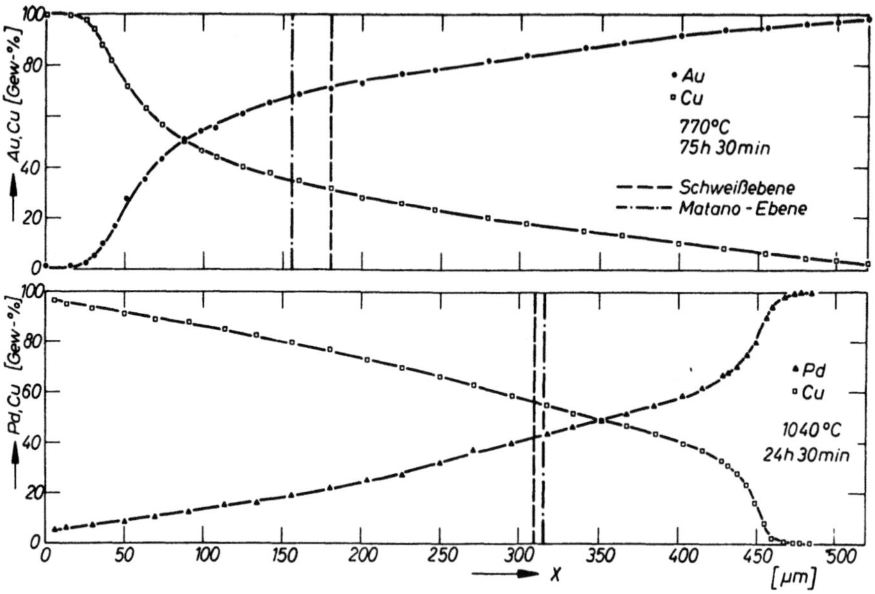

Abb. 12 Konzentrationsverlauf der Komponenten im binären System Au—Cu und Pd—Cu nach einer Diffusionsglühung

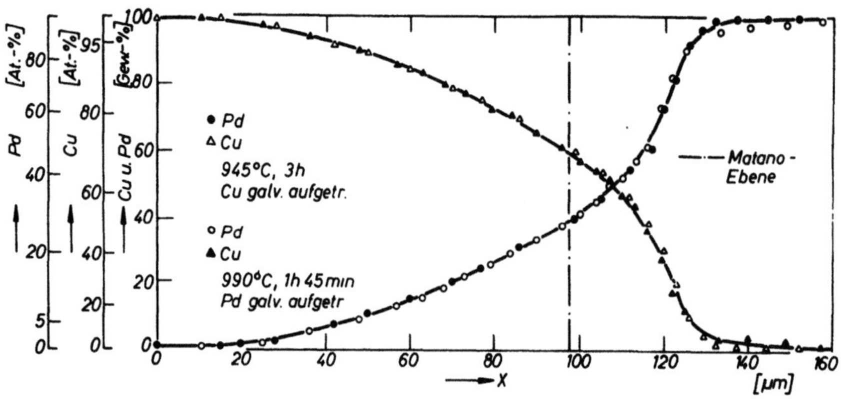

Abb. 13 Konzentrationsverlauf der Elemente im binären System Pd—Cu nach der Glühbehandlung

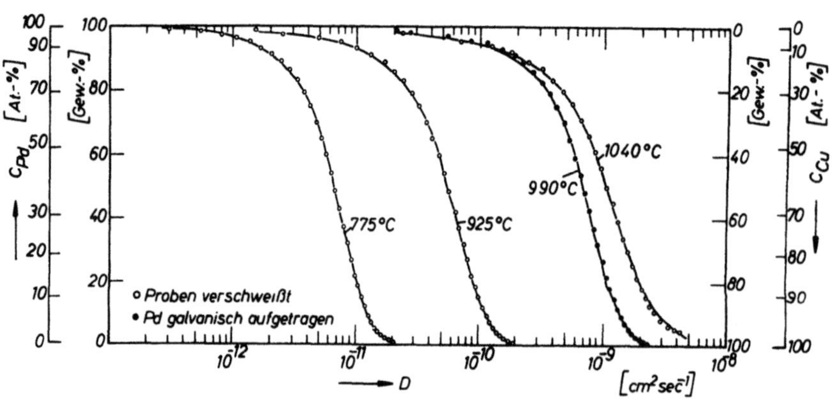

Abb. 14 Gemeinsame bzw. mittlere Diffusionskoeffizienten des binären Systems Pd—Cu in Abhängigkeit von der Temperatur und der Konzentration

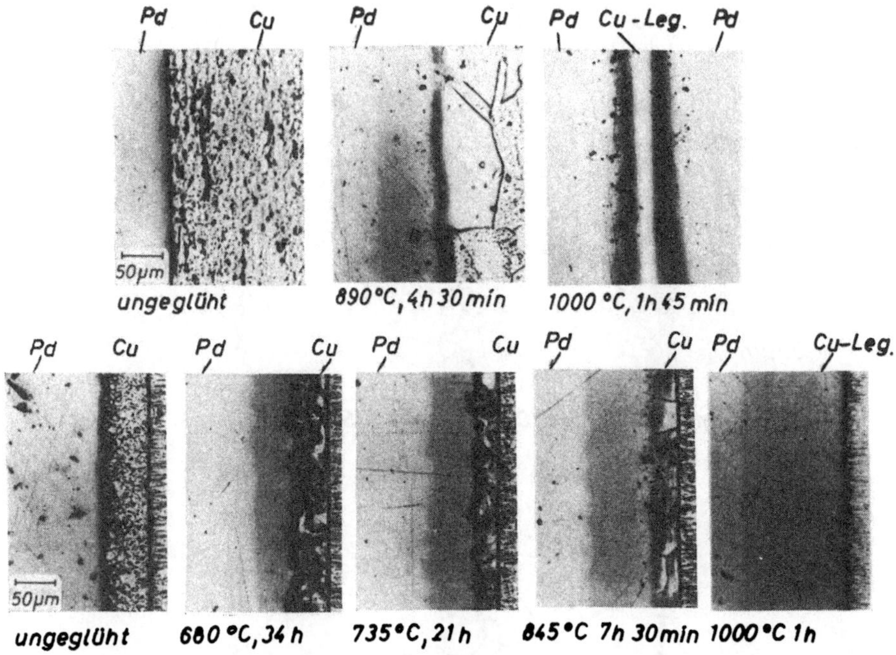

Abb. 15 Schliffbilder der ungeglühten und geglühten Pd—Cu-Proben
Oben: Kupfernäpfchen mit galvanisch aufgetragenen Pd-Schichten
Unten: Palladiumplättchen mit galvanisch aufgetragenen Cu-Schichten
Proben mit »Reinacher« (RP-1)-Lösung elektrolytisch wischpoliert
RP-1: 12 g/l $Na_2S_2O_3$ (5 H_2O) und 2 g/l Allyl-Thioharnstoff

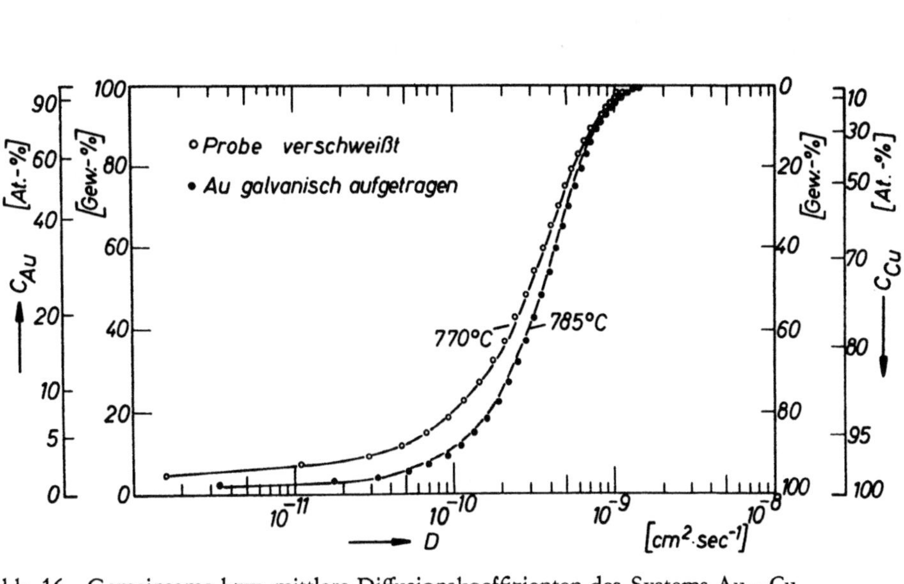

Abb. 16 Gemeinsame bzw. mittlere Diffusionskoeffizienten des Systems Au—Cu in Abhängigkeit von der Konzentration

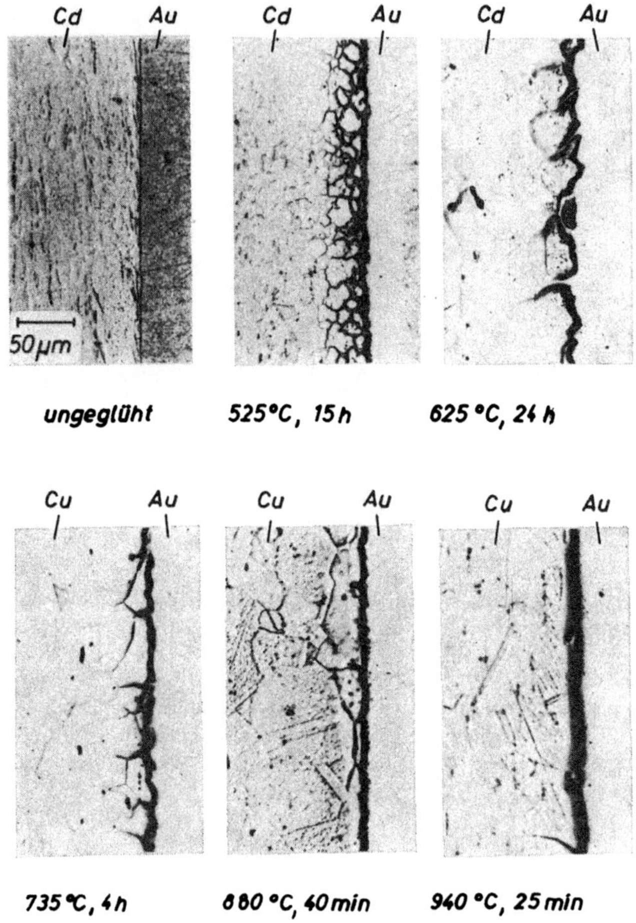

Abb. 17 Schliffbilder der ungeglühten und bei verschiedenen Temperaturen geglühten vergoldeten Kupfernäpfchen
Proben mit »Reinacher«-Lösung elektrolytisch wischpoliert.

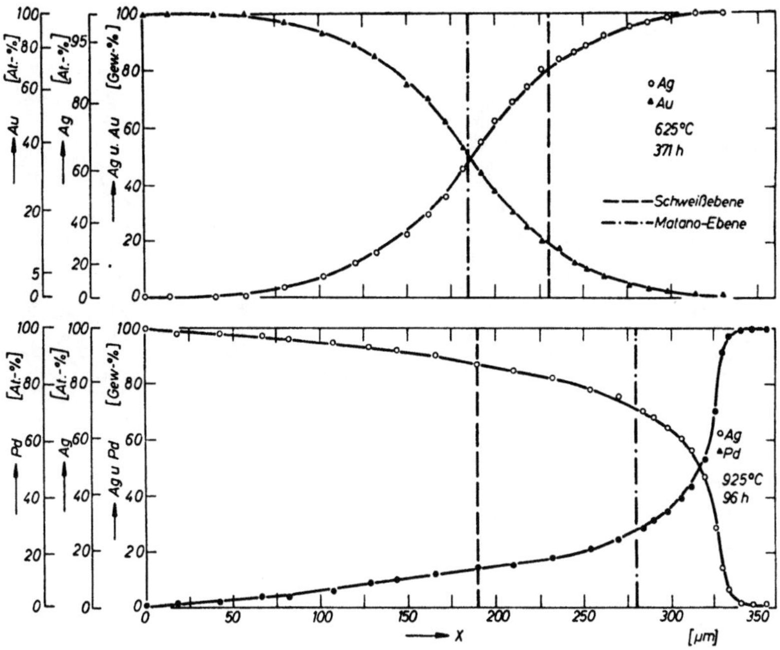

Abb. 18 Konzentrationsverlauf der Komponenten im binären System Ag—Au und Ag—Pd nach einer Diffusionsglühung

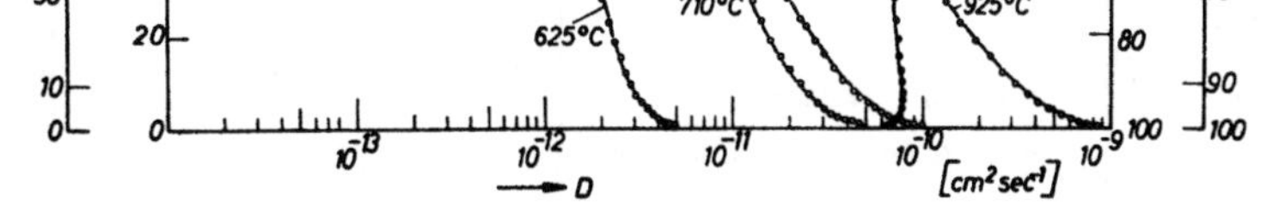

Abb. 19 Gemeinsame bzw. mittlere Diffusionskoeffizienten des binären Systems Pd—Ag in Abhängigkeit von der Temperatur und der Konzentration

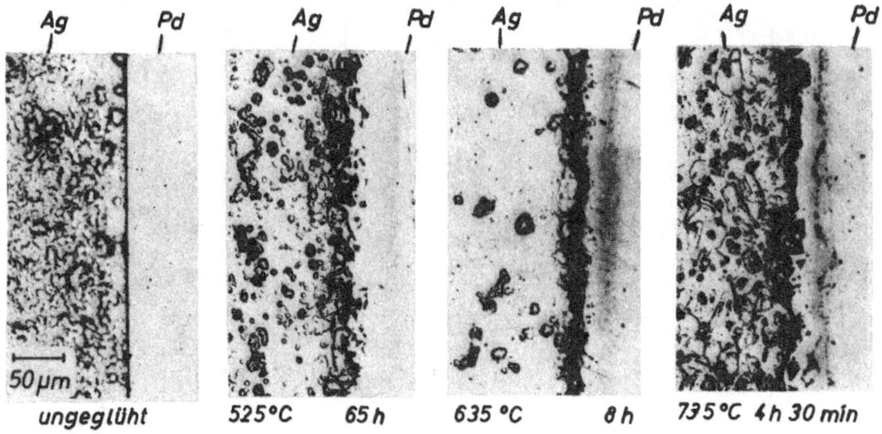

Abb. 20 Schliffbilder der ungeglühten und geglühten Ag—Pd-Proben
Pd galvanisch aufgetragen
Proben mit »Reinacher«-Lösung elektrolytisch wischpoliert

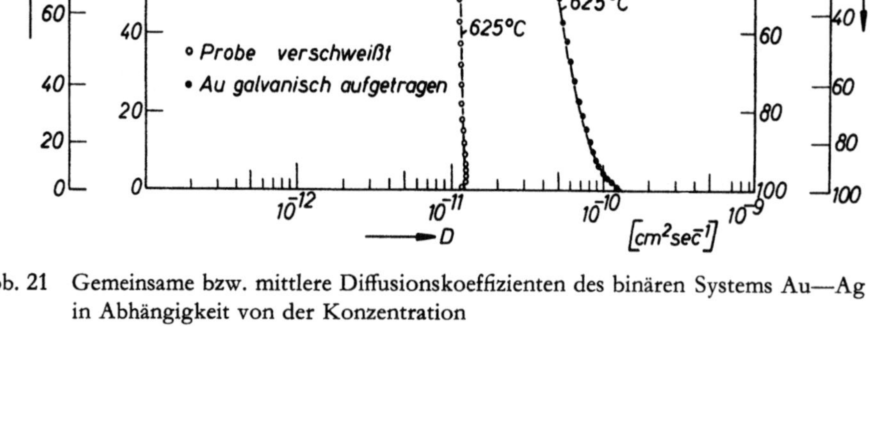

Abb. 21 Gemeinsame bzw. mittlere Diffusionskoeffizienten des binären Systems Au—Ag in Abhängigkeit von der Konzentration

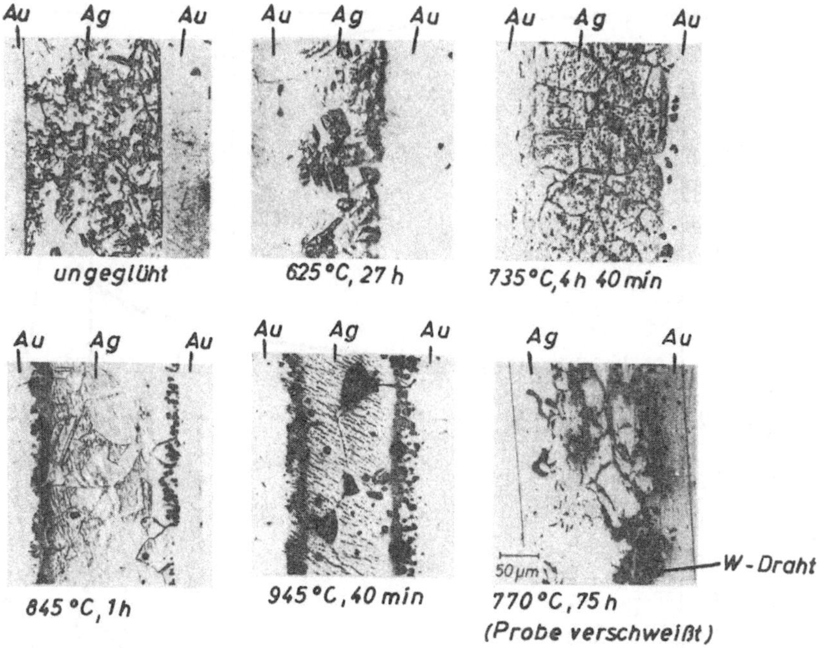

Abb. 22 Schliffbilder vergoldeter Silbernäpfchen und einer verschweißten Ag—Au-Probe
Proben mit »Reinacher«-Lösung elektrolytisch wischpoliert

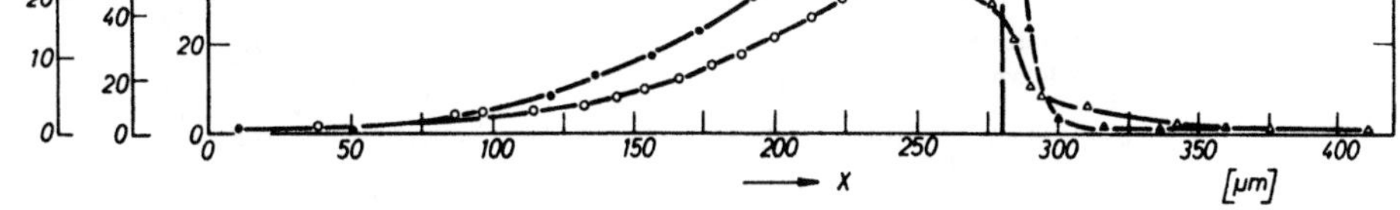

Abb. 23 Konzentrationsverlauf der Komponenten im binären System Ag—Au
nach einer Diffusionsglühung

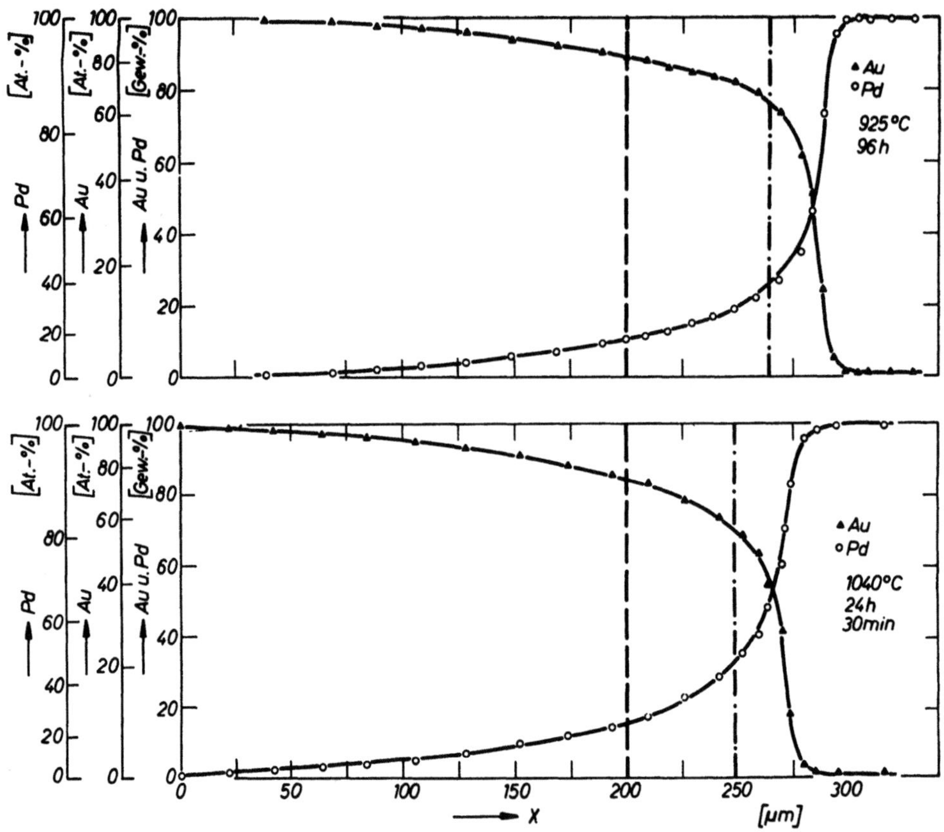

Abb. 24 Konzentrationsverlauf der Komponenten im binären System Au—Pd nach einer Diffusionsglühung

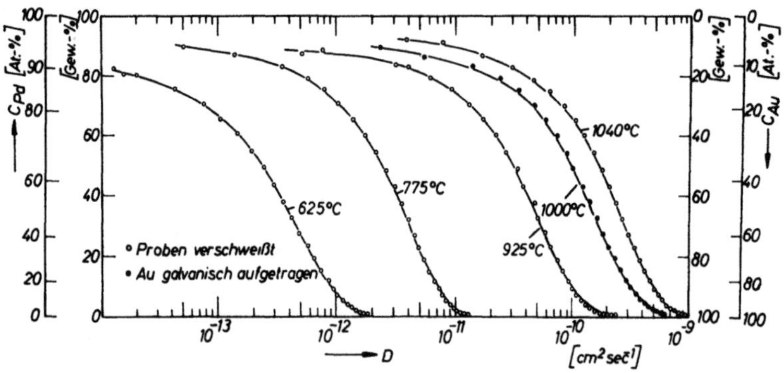

Abb. 25 Gemeinsame bzw. mittlere Diffusionskoeffizienten des binären Systems Pd—Au in Abhängigkeit von der Temperatur und der Konzentration

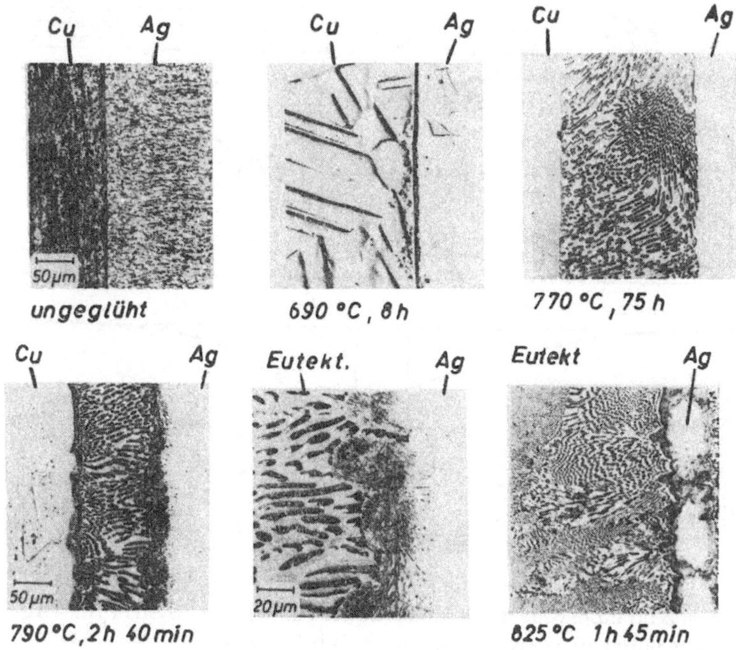

Abb. 26 Schliffbilder galvanisch hergestellter und verschweißter (bei 770° C) Ag—Cu-Proben
Elektrolytisch mit »Reinacher«-Lösung wischpoliert

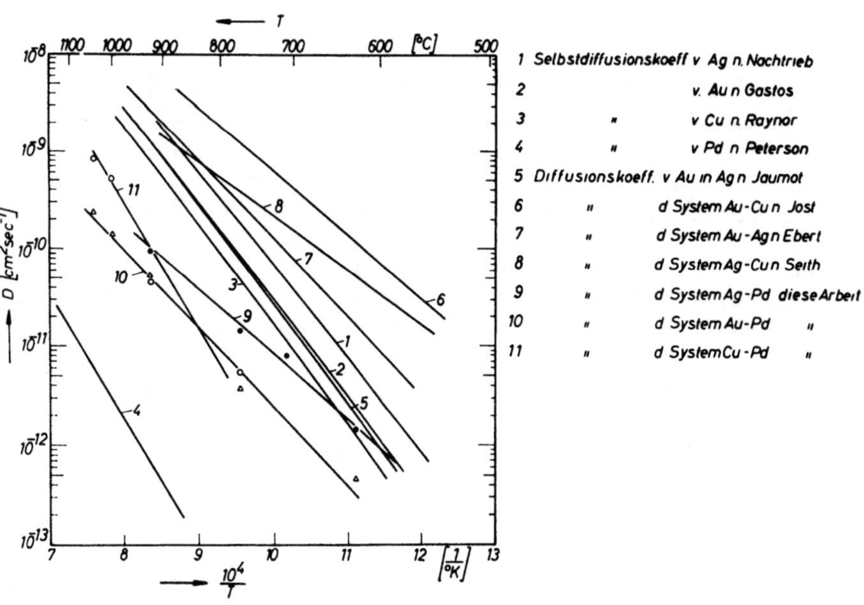

Abb. 27 Gemeinsame Diffusionskoeffizienten der binären Systeme Au—Cu, Au—Ag, Ag—Cu, Ag—Pd, Au—Pd und Cu—Pd und Selbstdiffusionskoeffizienten von Ag, Au und Cu in Abhängigkeit von der Temperatur

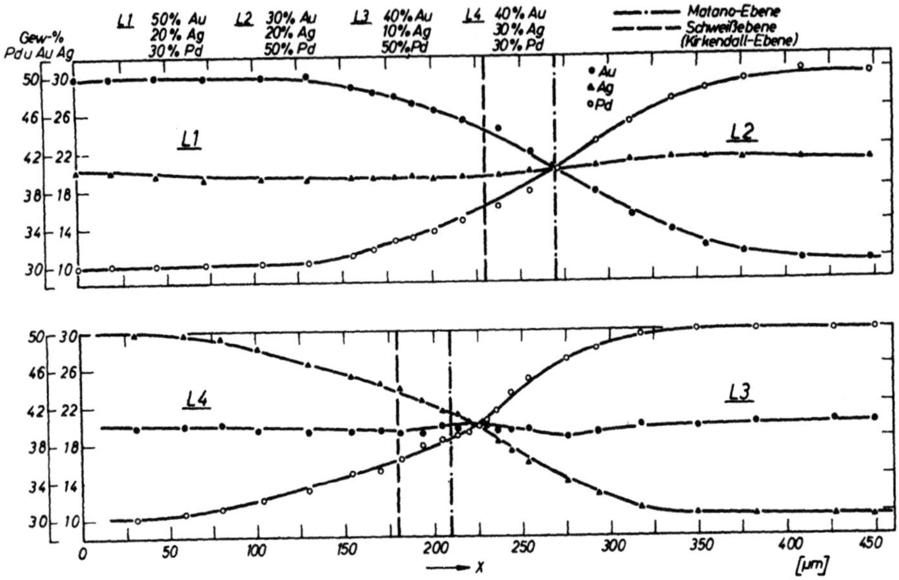

Abb. 28 Konzentrationsverlauf der Komponenten im ternären System Au—Ag—Pd nach einer Diffusionsglühung von 24 h bei 1120° C

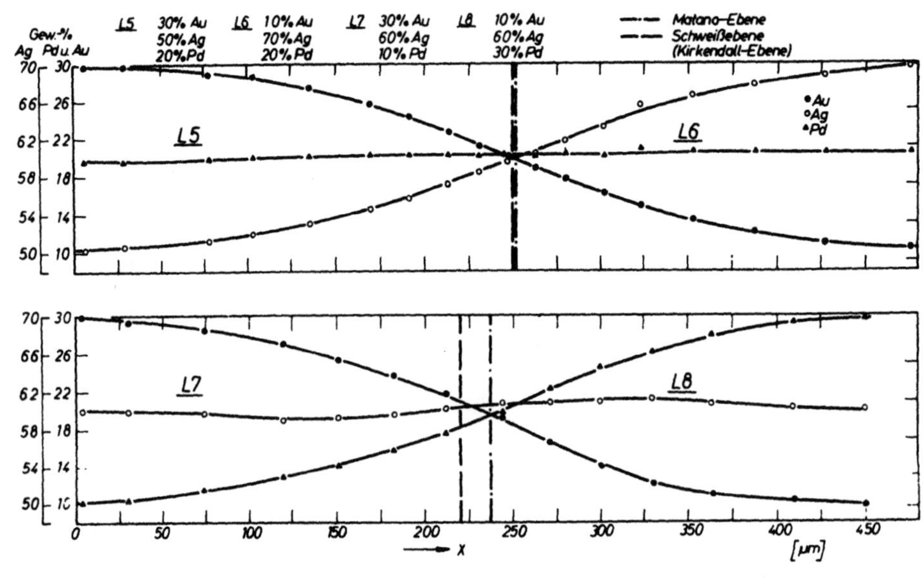

Abb. 29 Konzentrationsverlauf der Komponenten im ternären System Au—Ag—Pd nach einer Diffusionsglühung von 96 h bei 925° C

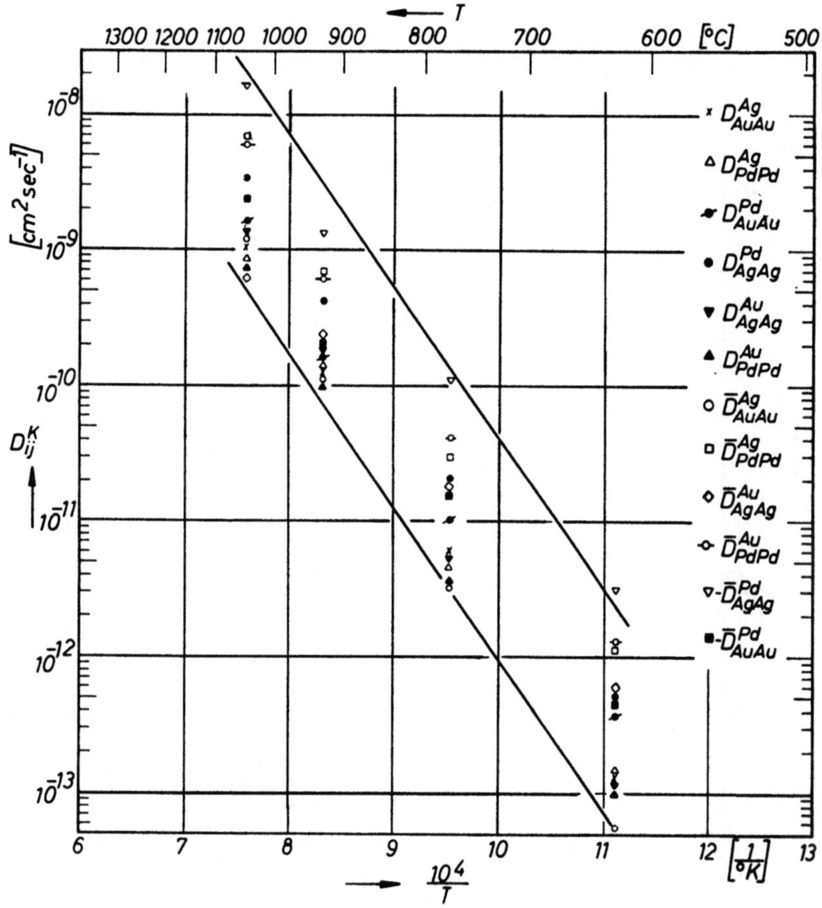

Abb. 30 Partielle und mittlere Diffusionskoeffizienten der ternären Legierung 18% Pd, 22% Au, 60% Ag in Abhängigkeit von der Temperatur

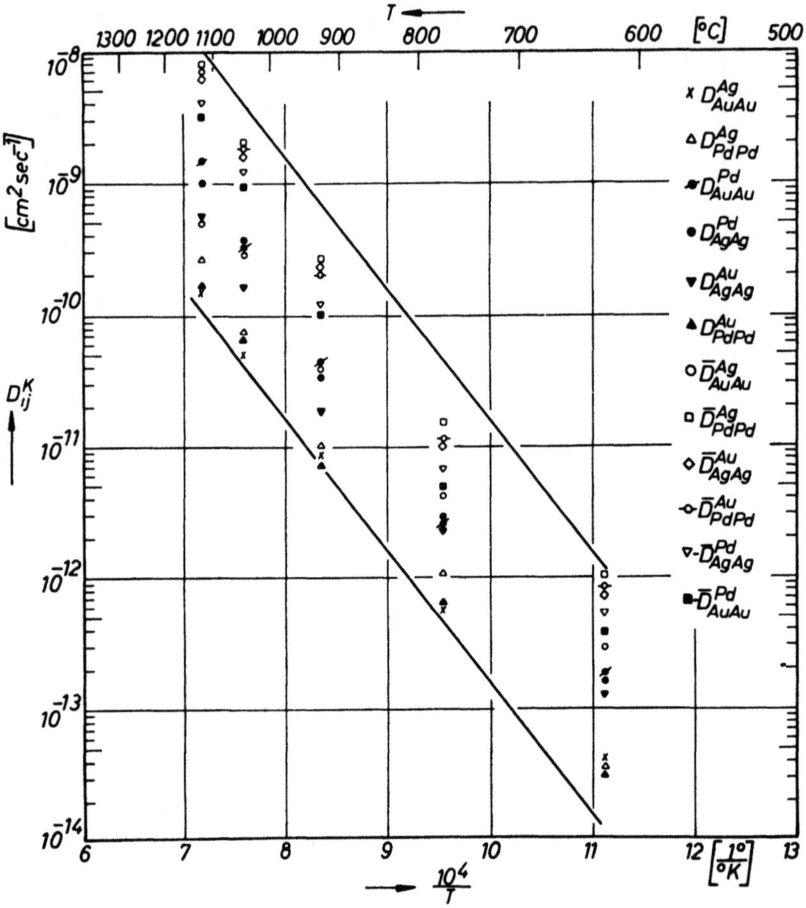

Abb. 31 Partielle und mittlere Diffusionskoeffizienten der ternären Legierung 36% Pd, 42% Au, 22% Ag in Abhängigkeit von der Temperatur

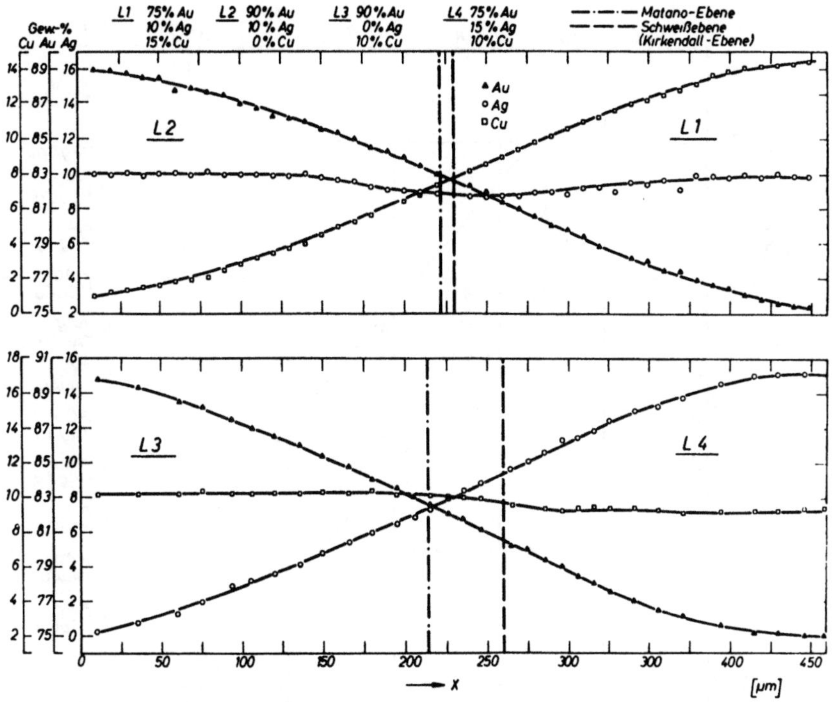

Abb. 32 Konzentrationsverlauf der Komponenten im ternären System Au—Ag—Cu

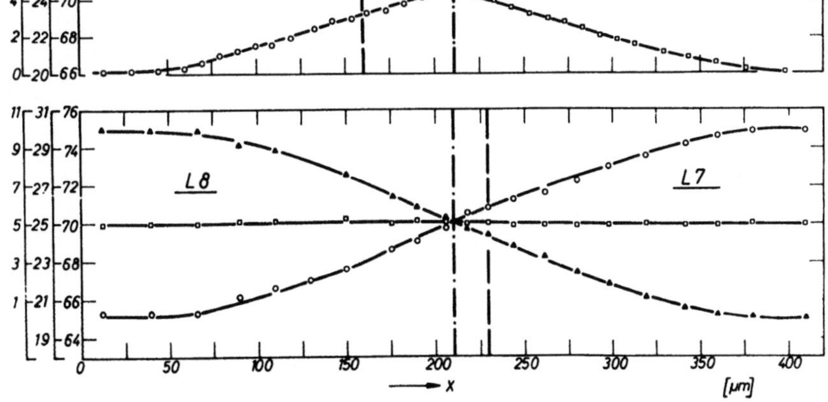

Abb. 33 Konzentrationsverlauf der Komponenten im ternären System Au—Ag—Cu nach einer Diffusionsglühung von 75 h 30 min bei 770° C

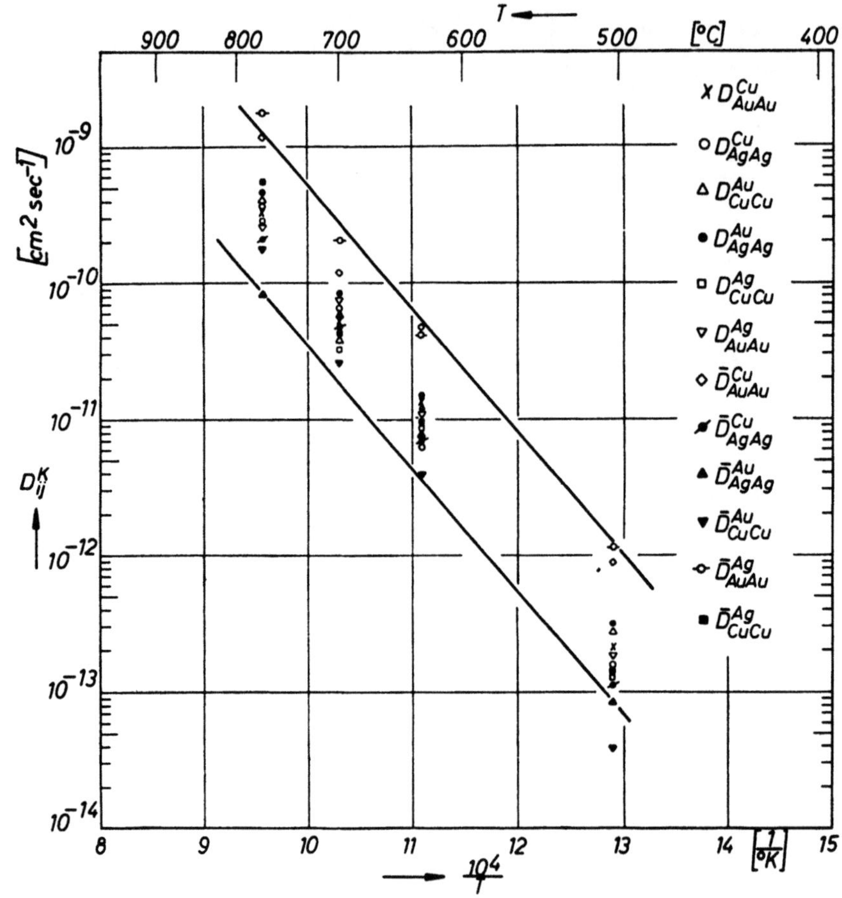

Abb. 34 Partielle Diffusionskoeffizienten der ternären Legierung 82% Au, 9% Ag, 9% Cu in Abhängigkeit von der Temperatur

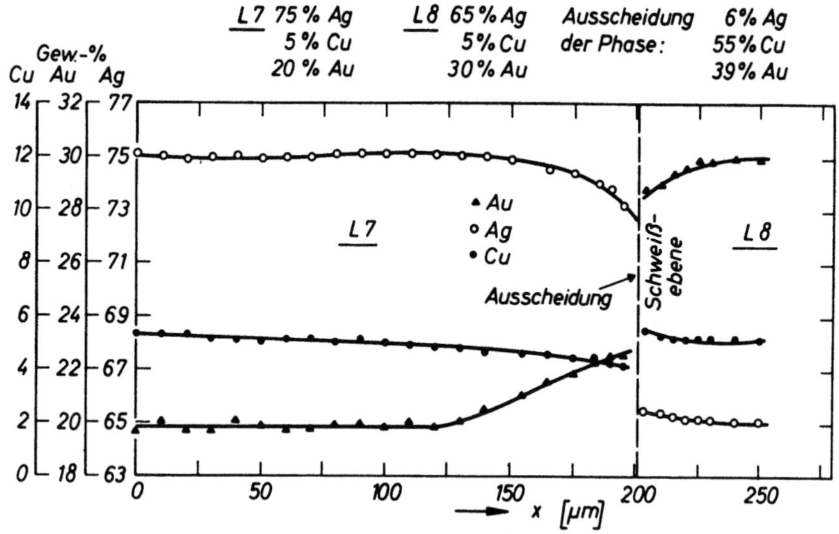

Abb. 35 Konzentrationsverlauf der Komponenten im ternären System Au—Cu—Ag nach einer Diffusionsglühung von 371 h bei 625° C

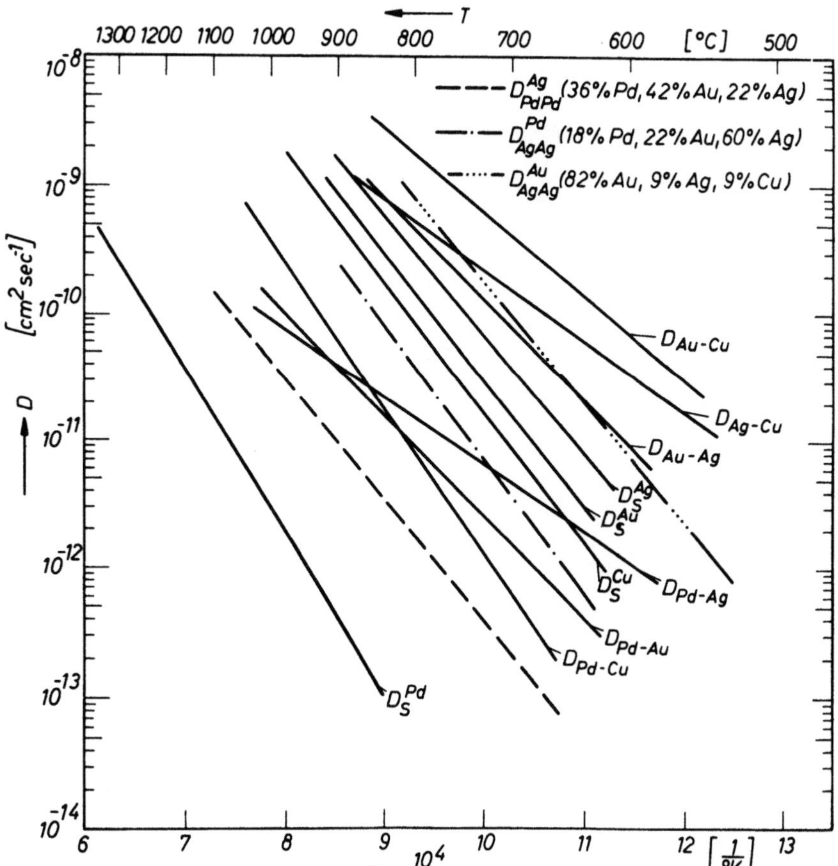

Abb. 36 Partielle, gemeinsame und Selbstdiffusionskoeffizienten in Abhängigkeit von der Temperatur

Forschungsberichte des Landes Nordrhein-Westfalen

Herausgegeben im Auftrage des Ministerpräsidenten Heinz Kühn
von Staatssekretär Professor Dr. h. c. Dr. E. h. Leo Brandt

Sachgruppenverzeichnis

Acetylen · Schweißtechnik
Acetylene · Welding gracitice
Acétylène · Technique du soudage
Acetileno · Técnica de la soldadura
Ацетилен и техника сварки

Arbeitswissenschaft
Labor science
Science du travail
Trabajo científico
Вопросы трудового процесса

Bau · Steine · Erden
Constructure · Construction material · Soil research
Construction · Matériaux de construction · Recherche souterraine
La construcción · Materiales de construcción · Reconocimiento del suelo
Строительство и строительные материалы

Bergbau
Mining
Exploitation des mines
Minería
Горное дело

Biologie
Biology
Biologie
Biologia
Биология

Chemie
Chemistry
Chimie
Quimica
Химия

Druck · Farbe · Papier · Photographie
Printing · Color · Paper · Photography
Imprimerie · Couleur · Papier · Photographie
Artes gráficas · Color · Papel · Fotografía
Типография · Краски · Бумага · Фотография

Eisenverarbeitende Industrie
Metal working industry
Industrie du fer
Industria del hierro
Металлообработывающая промышленность

Elektrotechnik · Optik
Electrotechnology · Optics
Electrotechnique · Optique
Electrotécnica · Optica
Электротехника и оптика

Energiewirtschaft
Power economy
Energie
Energía
Энергетическое хозяйство

Fahrzeugbau · Gasmotoren
Vehicle construction · Engines
Construction de véhicules · Moteurs
Construcción de vehículos · Motores
Производство транспортных средств

Fertigung
Fabrication
Fabrication
Fabricación
Производство

Funktechnik · Astronomie
Radio engineering · Astronomy
Radiotechnique · Astronomie
Radiotécnica · Astronomía
Радиотехника и астрономия

Gaswirtschaft
Gas economy
Gaz
Gas
Газовое хозяйство

Holzbearbeitung
Wood working
Travail du bois
Trabajo de la madera
Деревообработка

Hüttenwesen · Werkstoffkunde
Metallurgy · Materials research
Métallurgie · Matériaux
Metalurgia · Materiales
Металлургия и материаловедение

Kunststoffe
Plastics
Plastiques
Plásticos
Пластмассы

Luftfahrt · Flugwissenschaft
Aeronautics · Aviation
Aéronautique · Aviation
Aeronáutica · Aviación
Авиация

Luftreinhaltung
Air-cleaning
Purification de l'air
Purificación del aire
Очищение воздуха

Maschinenbau
Machinery
Construction mécanique
Construcción de máquinas
Машиностроительство

Mathematik
Mathematics
Mathématiques
Matemáticas
Математика

Medizin · Pharmakologie
Medicine · Pharmacology
Médecine · Pharmacologie
Medicina · Farmacología
Медицина и фармакология

NE-Metalle
Non-ferrous metal
Metal non ferreux
Metal no ferroso
Цветные металлы

Physik
Physics
Physique
Física
Физика

Rationalisierung
Rationalizing
Rationalisation
Racionalización
Рационализация

Schall · Ultraschall
Sound · Ultrasonics
Son · Ultra-son
Sonido · Ultrasónico
Звук и ультразвук

Schiffahrt
Navigation
Navigation
Navegación
Судоходство

Textilforschung
Textile research
Textiles
Textil
Вопросы текстильной промышленности

Turbinen
Turbines
Turbines
Turbinas
Турбины

Verkehr
Traffic
Trafic
Tráfico
Транспорт

Wirtschaftswissenschaften
Political economy
Economie politique
Ciencias económicas
Экономические науки

Einzelverzeichnis der Sachgruppen bitte anfordern

Springer Fachmedien Wiesbaden GmbH

GPSR Compliance

The European Union's (EU) General Product Safety Regulation (GPSR) is a set of rules that requires consumer products to be safe and our obligations to ensure this.

If you have any concerns about our products, you can contact us on ProductSafety@springernature.com

In case Publisher is established outside the EU, the EU authorized representative is:

Springer Nature Customer Service Center GmbH
Europaplatz 3
69115 Heidelberg, Germany

Batch number: 10584556

Printed by Printforce, the Netherlands